Emil Wettstein

Zur Anthropologie und Ethnographie

des

Kreises Disentis

(Graubünden)

Elibron Classics
www.elibron.com

Elibron Classics series.

ISBN 0-543-70217-0 (paperback)
ISBN 0-543-70216-2 (hardcover)

This Elibron Classics Replica Edition is an unabridged facsimile of the edition published in 1902 by Ed. Rascher, Zürich.

Aus dem Anthropologischen Institut der Universität Zürich.

Zur
Anthropologie und Ethnographie
des
Kreises Disentis
(Graubünden)

von

Dr. Emil Wettstein.

Mit zahlreichen Abbildungen und vier Tafeln.

Zürich.
Ed. Rascher's Erben
Meyer & Zeller's Nachfolger.
1902.

Druck von J. F. Kobold-Lüdi, Zürich

Aus dem Anthropologischen Institut der Universität Zürich.

Zur

Anthropologie und Ethnographie

des

Kreises Disentis

(Graubünden)

von

Dr. Emil Wettstein.

Mit zahlreichen Abbildungen und vier Tafeln.

Zürich.
Ed. Rascher's Erben
Meyer & Zeller's Nachfolger.
1902.

Inhaltsverzeichnis.

Angeregt durch Herrn Prof. Dr. O. Stoll habe ich es versucht, in den folgenden Blättern eine kurze anthropologisch-ethnographische Monographie des Kreises Disentis (Kt. Graubünden) zu entwerfen. Für den ersten Teil dieser Arbeit stand mir eine grosse Serie von Schädeln aus verschiedenen Beinhäusern dieses Kreises zur Verfügung, die ich teils an den Orten selbst, teils im anthropologischen Institut der Universität Zürich bearbeiten konnte. Die Daten für den zweiten Teil sammelte ich ebenfalls an Ort und Stelle und hatte Gelegenheit durch mehrmonatlichen Aufenthalt in Disentis und Umgebung ein nicht unbedeutendes Material zusammenzubringen.

Der Kreis Disentis (sprich Dísentis) bot insofern ein interessantes Gebiet für eine derartige Untersuchung, als es sich hier einerseits um eine geographisch ziemlich abgeschlossene und vom Verkehr bis in die neueste Zeit noch wenig berührte Gegend handelt, andererseits in den Beinhäusern noch viel Material für physisch-anthropologische Studien vorhanden ist.

Der Kreis Disentis. im Gebiete des Vorderrheins gelegen, besteht aus 7 politischen Gemeinden. Es sind die folgenden:

1. Disentís, Hauptort des Kreises, 1150 m über Meer, auf einer Terrasse des linken Rheinufers gelegen, wo der Mittelrhein in den Vorderrhein mündet; Einwohnerzahl 1355. Die Pfarrkirche mit dem abgeschlossen Beinhaus im Vorraum der Kirche befindet sich im alten Teile des Dorfes, Raveras genannt.

2. Sedrun, Dorf mit Pfarrkirche der Gemeinde Tavetsch, 1401 m ü. M., über dem linken Rheinufer. Einwohnerzahl der Gemeinde: 808. Die Schädel befinden sich in einer Vorhalle der Kirche auf einem hufeisenförmigen, gefächerten Gestell.

3. Medels, mit den Ortschaften Curaglia, Platta und noch einigen kleineren. Das diese Gemeinde bildende Tal mündet von Süden her bei Disentis ins Vorderrheintal. In Platta (1380 m) befindet sich die Pfarrkirche und nahe dabei das freistehende Beinhaus.

4. Somvix, ebenfalls über dem linken Rheinufer gelegen, (1054 m.) mit 1202 Einwohner. Es gehören dazu noch Campodials und Rabius auf dem linken, und Surrhein mit dem Somvixer-Tal auf dem rechten Rheinufer.

5. Truns, 865 m., mit Campliun, Darvela und Rinkenberg (Zignau). Einwohnerzahl 965.

6. Schlans, 1177 m., an einer Halde hoch über dem Rhein gelegen, gehört erst seit 1851 zum Kreise Disentis. Einwohnerzahl 174. Schädel fand ich dort keine mehr.

7. Brigels, 1289 m., umschliesst die Pfarrgemeinden Brigels, Dardin und Danis-Tavanasa. Die Einwohnerzahl beträgt 863.

Die Grenzen der politischen Gemeinden stimmen überall mit den Kirchgemeindegrenzen überein, ausgenommen in Somvix und Brigels. In Somvix sind zwei Kirchgemeinden: Somvix und Surrhein, und Brigels umfasst deren drei, nämlich Brigels, Dardin und Danis-Tavanasa. Seit sich Surrhein von Somvix und Dardin und Danis von Brigels getrennt haben (in der zweiten Hälfte des XVII. Jahrhunderts), sind auch dort Beinhäuser.

Was die geschichtliche Entwicklung der Gegend betrifft, so beschränke ich mich auf die Mitteilung der wichtigsten Daten. Es wäre gewiss wünschenswert gewesen, einiges Neue über die erste Besiedlung des Landes beibringen zu können, die teils als etruskisch, teils als keltisch angenommen wird, doch liessen mich die historischen Quellen in dieser Hinsicht im Stich. Da es sich in der ganzen Frage einstweilen nur úm Hypothesen handelt, die sich nicht auf umfangreiche vergleichend anthropologische Studien gründen, sehe ich von einer Mitteilung derselben an dieser Stelle ab.

Zuverlässige Anhaltspunkte gewinnen wir erst mit Beginn der römischen Periode. Wie weit die Römer aber auf die physische Zusammensetzung der Bevölkerung von Einfluss geworden sind, lässt sich aus den historischen Quellen ebenfalls nicht ermitteln. Tatsache ist, dass eine Römerstrasse, die von Chur das Vorderrheintal hinauf über die Oberalp und Furka nach dem Wallis führte, unser Gebiet durchschnitt.[1]) Auf ihr kam auch Sigisbert,

[1]) Diese und die folgenden Angaben entnehme ich vorzugsweise der Arbeit von J. A. v. Sprecher: Kurzer Abriss einer Geschichte des bündnerischen Oberlandes, im Jahrb. des Schweiz. Alpenklubs 1874—1875.

der Gefährte des Gallus, nach den Rheinquellen und gründete dort nach der Sage im Jahre 614 das Kloster Disentis, das später sowohl das geistige, als politische Centrum des Oberlandes bildete. Im Jahre 670 wurde dieses Kloster von einer Avarenschar geplündert und niedergebrannt. Nachdem es sechzig Jahre in Trümmern gelegen, soll es, wie die Sage berichtet, vom Frankenherzog Karl Martel wieder aufgebaut worden sein. Bald blühte im Kloster auch eine Schule und einer der Schüler, Bischof Tello von Chur, vermachte dem Stifte, da seine Familie im Aussterben war, eine Menge Güter und Höriger. Im 9. Jahrhundert finden wir eine zweite Strasse über den Lukmanier vom Kloster Disentis angelegt, mit 5 Hospizen im Medelsertal. In den folgenden Jahrhunderten wechselte der Besitz des Oberlandes sehr häufig. Um die Mitte des 11. Jahrhunderts ging Rhätien durch Erbschaft an die Hohenstaufen über. Unter diesen scheint es sich ruhiger Zustände erfreut zu haben. Ob durch die Beeinflussung auswärtiger Herrscher fremde Elemente ins Land kamen, wodurch die Zusammensetzung der Bevölkerung eventuell verändert wurde, muss ich dahingestellt sein lassen. Die ausserordentliche Homogeneität des kraniologischen Typus, wie ich ihn weiter unten feststellen werde, spricht allerdings nicht für irgendwelche wesentliche Beeinflussung der Bevölkerung von aussen im Laufe der letzten Jahrhunderte.

Später zeigten die habsburgischen Kaiser grosse Lust, in Graubünden festen Fuss zu fassen. So kam es zu verschiedenen Fehden mit den Anhängern der österreichischen Partei, wie den Freiherrn von Rhäzuns, den Grafen von Montfort und andern mehr. In diesen Kämpfen lernte der Adel die Kraft des Volkes und dessen Streben nach Freiheit kennen. Die Folge davon war, dass ein Teil desselben sich enger mit ihm verband. Mit einer Anerkennung der freiheitlichen Bestrebungen des Landvolkes war der Weg zu einem wichtigen politischen Fortschritt gebahnt: es wurde am 16. März 1424 unter dem alten Ahorn zu Truns von den Abgeordneten der Gemeinden, dem Abte von Disentis und einigen Dynasten der graue oder obere Bund geschlossen. Dieser ging 1497 ein ewiges Bündnis mit den sieben Orten der Eidgenossenschaft ein, das schon 1499 im Schwabenkriege die Blutweihe erhielt. Im Anfang des 16. Jahrhunderts drangen von

Zürich aus auch die Lehren der Reformation nach Graubünden, wurden aber im Oberland vor allem durch die Bemühungen des Abtes Christian von Castelberg bald aufgehalten. Das Ende des Jahrhunderts füllten allerlei konfessionelle Reibereien aus, welche, durch französische und spanische Intriguen noch verschärft, im folgenden Jahrhundert in blutigen Kämpfen ausgefochten wurden. Zudem rafften im 17. Jahrhundert Hungersnot und Pest in ganz Bünden mehr als 20,000 Menschen hin. Leider fehlen genaue Angaben über die Einwohnerzahl vor dem Einbruch dieser grossen Epidemie, doch scheint die Reduktion, welche sie verursachte, eine ganz bedeutende gewèsen zu sein, wird doch berichtet, dass nach derselben in Schlans nur noch 11 Personen übrig geblieben seien.[1])

Allmählig erholte und vermehrte sich die Bevölkerung wieder und scheint auch fernerhin in ihrem physischen und kulturellen Habitus von aussen nicht wesentlich beeinflusst worden zu sein. Zwar wurde am Ende des 18. Jahrhunderts noch einmal die Kriegsfackel ins Bündnerland geschleudert und fremde Heere drangen in dasselbe ein. Veltlin sagte sich los und schloss sich der cisalpinischen Republik an. Da Bünden sich weigerte, sich mit der neugeschaffenen helvetischen Republik zu verschmelzen, erfolgte der Einmarsch französischer Truppen sowohl von Chur, als von der Oberalp aus. Bei dieser Gelegenheit wurde auch die Klosterbibliothek Disentis verbrannt, wodurch wichtige Materialien für die Geschichte des Landes verloren gegangen sind.

Seit dem Anschluss Graubündens an die Eidgenossenschaft hat das Land eine ruhige, selbständige Entwicklung genommen, doch, begünstigt durch die geographische Lage, seine kulturelle und physische Eigenart einigermassen bewahrt.

---

[1]) Vergleiche die Sage: „Die Elf von Schlans“ im zweiten Teil dieser Arbeit.

I. Physisch-anthropologischer Teil.

A. Material.

Wie oben erwähnt, habe ich meine anthropologischen Studien fast ausschliesslich auf das kraniologische Material der Beinhäuser des Kreises Disentis beschränkt. Von verschiedensten Seiten wurde ich darauf aufmerksam gemacht, dass noch vor wenigen Jahrzehnten die hier niedergelegten wissenschaftlichen Schätze weitaus zahlreicher waren als heute.

In früheren Jahrhunderten waren die Gräber stets Familiengräber und es war eine bis ins Mittelalter zurückgehende Sitte, bei der Einsenkung neuer Leichen die Skeletreste der früher Bestatteten auszugraben und in den Beinhäusern zu verwahren. Erst durch ein eidgenössisches Gesetz wurde das Wiederausgraben verboten. Ausserdem macht sich seit ungefähr 30 Jahren die Tendenz geltend, das in den Beinhäusern aufbewahrte Material von neuem wieder einzugraben, sodass es höchste Zeit ist, die noch vorhandenen Schädel einem wissenschaftlichen Studium zu unterziehen. Über das historische Alter der Beinhausschädel bestehen natürlich keine genauen Angaben; ohne Zweifel aber geht die Aufbewahrung auf mehrere Jahrhunderte zurück, sodass wir in den Schädeln den kraniologischen Typus der Bevölkerung der letzten 4 bis 6 Jahrhunderte vor uns haben.

Folgende Beinhäuser konnte ich im Kreise Disentis noch auffinden: je eines in Disentis mit 400 bis 500 Schädeln, in Sedrun mit 46, in Platta (Medels) mit 30, in Somvix mit 20, in Surrhein mit 18, in Truns mit 20, in Brigels mit 10, in Dardin mit 20 und in Danis-Tavanasa mit noch 200 bis 300 Schädeln. Von diesen habe ich gemessen in

Disentis	100	Calvarien
Sedrun	10	„
Platta	12	„
Somvix	10	„
Surrhein	10	„
Truns	13	„
Brigels	6	„
Dardin	14	„
Danis	77	„
Total	252	Calvarien

Unterkiefer und übrige Skeletknochen waren nur spärlich vorhanden. In Danis waren solche zur Verzierung der einen Wand und der Decke des Beinhauses verwendet. Von der Lampe aus Menschenknochen in Disentis, von der His ['64 S. 14][1]) berichtet, waren bei meinem Besuch nur noch Bruchstücke vorhanden.

Für die Auslese der Schädel war einzig der Erhaltungszustand der Objekte massgebend.

Die Benützung der Beinhäuser zu meinen Studien wurde mir überall von Seiten der Geistlichkeit mit grosser Freundlichkeit gewährt, wofür ich den betreffenden Herren auch an dieser Stelle meinen besten Dank aussprechen möchte. Ausserdem wurden mir auch eine grössere Reihe von Schädeln zu eingehenderer Bearbeitung überlassen, die ich während des Jahres 1901 im anthropologischen Institute der Universität Zürich unter Leitung von Herrn Prof. Dr. R. Martin einer genaueren kraniologischen Analyse unterziehen konnte.

Ueber Alter und Geschlecht der von mir untersuchten Schädel war nur bei einigen wenigen Aufschluss zu erhalten. Nur in vier Fällen war der Name auf dem Stirnbein angegeben, so in Disentis Nr. 17 Joh. Fid. Condrau, Danis Nr. 154 Anna Margreta Herman und in Brigels Nr. 2 Nationalrat A. Latour und Nr. 6. Eduard Capaul. Auch in der Totenkapelle zu Seelisberg und in mehreren anderen Dorfschaften des Kantons Uri finden sich mit Namen beschriebene Schädel (His, Crania helv. '64 S. 3).

[1]) Zu diesem und den folgenden Citaten vergleiche das Litteraturverzeichnis am Schlusse der Arbeit.

Einige Schädel waren auch mit den Hauszeichen der betreffenden Familien versehen. Etwas ähnliches erwähnt His (Crania helv. '64 S. 2) vom Beinhaus in Emmeten, wo die Familien die Schädel ihrer Angehörigen durch Bänder oder sonstige Zeichen kenntlich machten.

Strauch ('00 S. 230) berichtet ebenfalls, dass die Gebeine in den Beinhäusern einzelner Gegenden künstlerisch bemalt und mit den Personalangaben des Toten versehen seien.

Folgendes sind die Hauszeichen, die ich bei den Disentiser-Schädeln fand:

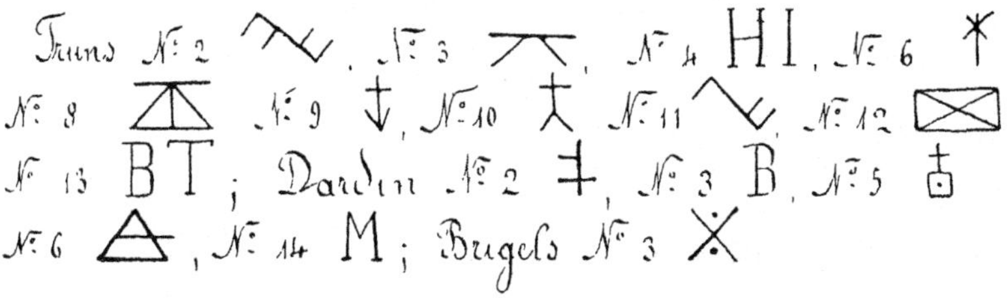

Die Mehrzahl der untersuchten Objekte gehörte älteren Leuten an, was daraus hervorgeht, dass an vielen die Zähne ausgefallen und die Alveolarpartie des Oberkiefers reduzirt war.

Die Geschlechtsbestimmung versuchte ich nach den in der Litteratur namhaft gemachten diagnostischen Merkmalen, bin aber nicht überall im Stande gewesen, dieselbe mit Sicherheit durchzuführen.

Hinsichtlich der Technik bemerke ich, dass ich mich der von Prof. Dr. R. Martin im anthropol. Institut Zürich eingeführten Methoden bediente, die sich zum Teil mit denen der Frankfurter Verständigung decken. Ich nahm die folgenden Masse:

1.	Horizontalumfang	(Bandmass)
2.	Sagittalumfang	"
3.	Verticaler Querumfang	"
4.	Frontalbogen	"
5.	Parietalbogen	"
6.	Occipitalbogen	"
7.	Grösste Schädellänge	(Tasterzirkel)
8.	Schädelbasislänge	"
9.	Hinterhauptslänge	(Stangenzirkel)

10. Gesichtstiefe (Gleitzirkel)
11. Seitliche Tiefe des Gesichts "
12. Freie Schädelhöhe (Tasterzirkel)
13. Ohrhöhe, proj. (Stangenzirkel)
14. Grösste Schädelbreite (Tasterzirkel)
15. Hinterhauptsbreite (Gleitzirkel)
16. Breite über den Gehörgängen "
17. Breite der Coronalnaht (Tasterzirkel)
18. Jochbogenbreite "
19. Mittelgesichtsbreite [nach Virchow] (Gleitzirkel)
20. Kleinste Stirnbreite (Gleitzirkel)
21. Maxillarbreite "
22. Interorbitalbreite "
23. Orbitalbreite "
24. Nasenbreite "
25. Kleinste Breite beider Nasenbeine "
26. Schädelbasisbreite "
27. Nasenhöhe "
28. Orbitalhöhe "
29. Obergesichtshöhe "
30. Länge des Foramen magnum "
31. Länge des Gaumens "
32. Breite des Gaumens "
33. Capacität (Methode Ranke, Füllung mit Hirse und Maximalcondensation in Schädel und Messcylinder).
34. Ganzer Profilwinkel } nach Ranke.
35. Mittelgesichtswinkel } nach Ranke.
36. Alveolarwinkel } nach Ranke.

Aus obigen Massen wurden folgende Indices berechnet:

1. Längenbreiten-Index $= \frac{\text{Grösste Schädelbreite} \times 100}{\text{Grosste Schädellänge}}$
2. Längenhöhen- Index $= \frac{\text{Freie Schädelhöhe} \times 100}{\text{Grosste Schädellänge}}$
3. Breitenhöhen- Index $= \frac{\text{Freie Schädelhöhe} \times 100}{\text{Grosste Schädelbreite}}$
4. Ohrhöhen- Index (nach Virchow) $= \frac{\text{Ohrhöhe} \times 100}{\text{Grösste Schädellange}}$
5. Obergesichts- Index (nach Kollmann) $= \frac{\text{Obergesichtshöhe} \times 100}{\text{Jochbogenbreite}}$
6. Nasen- Index $= \frac{\text{Nasenbreite} \times 100}{\text{Nasenlänge}}$

7. Orbital- Index $= \frac{\text{Orbitalhohe} \times 100}{\text{Orbitalbreite}}$
8. Gaumen- Index $= \frac{\text{Gaumenbreite} \times 100}{\text{Gaumenlange}}$
9. Frontal- Index $= \frac{\text{Kleinste Stirnbreite} \times 100}{\text{Grosste Stirnbreite}}$
10. Transversaler Fronto-parietal-Index $= \frac{\text{Kleinste Stirnbreite} \times 100}{\text{Grosste Schadelbreite}}$
11. Index fronto-zygomaticus $= \frac{\text{Kleinste Stirnbreite} \times 100}{\text{Jochbogenbreite}}$
12. Cranio-facial-Index $= \frac{\text{Jochbogenbreite} \times 100}{\text{Grosste Schadelbreite}}$
13. Sagittaler Fronto-parietal-Index $= \frac{\text{Parietalbogen} \times 100}{\text{Frontalbogen}}$

Messungen am Lebenden (14 Männer).

1. Körpergrösse ohne Schuhe.
2. Höhe des Kinnes über dem Boden.
3. „ „ obern Brustbeinrandes über dem Boden.
4. „ der rechten Schulter „ „ „
5. „ des rechten Ellenbogengelenkes „ „ „
6. „ „ „ Griffelfortsatzes „ „ „
7. „ der „ Mittelfingerspitze „ „ „
8. „ des „ vordern obern Darmbeinstachels über dem Boden.
9. „ „ „ Kniegelenkes über dem Boden
10. „ der „ inneren Knöchelspitze „ „ „
11. Spannweite der Arme.
12. Sitzhöhe.
13. Grösste Länge des Kopfes.
14. Grösste Breite des Kopfes.
15. Kleinste Stirnbreite.
16. Breite zwischen den inneren Augenwinkeln.
17. Jochbogenbreite.
18. Breite zwischen den Unterkieferwinkeln.
19. Ohrhöhe des Kopfes.
20. Abstand des Kinnes von der Haargrenze.
21. Abstand des Kinnes von der Nasenwurzel.
22. Nasenwurzel bis Alveolarpunkt.
23. Länge der Nase.
24. Breite „ „

Berechnet wurden daraus:

1. Länge des Rumpfes,
2. „ „ Oberarmes.
3. „ „ Vorderames.
4. „ „ Oberschenkels.
5. „ „ Unterschenkels.
6. Ganze Höhe des Kopfes.
7. Längenbreiten-Index des Kopfes.
8. Längenhöhen-Index „ „
9. Gesichts-Index.
10. Nasen-Index.

B. Beschreibung und Masse der Schädel.

Ich habe bei meinen Schädeln davon abgesehen, das Gewicht zu bestimmen, da ja bei allen der Unterkiefer fehlt und zudem bei den meisten nur noch wenige oder gar keine Zähne mehr vorhanden waren, so dass auch eine Angabe des Gewichtes keinen grossen Wert hätte. Zudem kommt bei mehreren noch der mehr oder weniger vorgeschrittene Schwund der oberen Alveolarpartie hinzu. Ich kann über das Gewicht nur so viel sagen, dass bei einem Vergleich der Schädel durch Abwägen mit der Hand sich eine sehr grosse Variation gezeigt hat.

Capacität.

Die Capacität wurde gemessen an 78 Schädeln, an 68 aus Danis und 10 aus Disentis, nämlich an denjenigen, die ich im anthropologischen Institut Zürich genauer beschreiben konnte. Die 10 Disentiser verteilen sich auf die verschiedenen Capacitätsgruppen ziemlich gleichmässig, so dass ich sie mit den Danisern gemeinsam behandeln kann. Die Durchschnittscapacität der als weiblich bestimmten Schädel beträgt 1333 ccm, die Durchschnittscapacität der als männlich bestimmten Schädel 1429 ccm. Der mittlere Unterschied beläuft sich also bei den beiden Geschlechtern auf 96 ccm. Bei Vereinigung beider Geschlechter ergibt sich eine mittlere Capacität von 1409 ccm.

Die extremen Fälle bei den weiblichen Schädeln sind 1200 ccm (Danis Nr. 157) und 1445 ccm (Danis Nr. 141), bei den männlichen 1170 ccm (Danis Nr. 147) und 1760 ccm (Danis Nr. 180). Es ergibt sich somit eine Variationsbreite von 245 ccm bei den weiblichen und von 590 ccm bei den männlichen Schädeln. Die Verteilung auf die verschiedenen Stufen ist folgende:

Von den 16 weiblichen Schädeln sind:

oligencephal	0	=	0 %
euencephal	7	=	43.8 %
aristencephal	9	=	56.3 %

Von den 62 männlichen Schädeln sind:

oligencephal	12	=	19.4 %
euencephal	20	=	32.3 %
aristencephal	30	=	48.4 %

Die 6 Graubündner-Schädel von His (Crania helv. Tab. V) zeigen eine mittlere Capacität von 1347 ccm. Das Mittel der 8 Bündner-Schädel in Paris[1]) ist 1460 ccm. Scholl ('91 S. 10 und 43) findet bei seinen 35 Davosern eine mittlere Capacität von 1397 ccm und bei seinen 10 Puchlavern eine solche von 1413 ccm, Pitard ('99 S. 119) für seine 26 ♂ Walliser 1554 ccm und die 12 ♀ 1390 ccm, Tappeiner ('99 S. 203) für 557 Tiroler Männer 1508 ccm und 347 Tiroler Weiber 1347 ccm. Vergleichen wir die Disentiser mit den Davosern und Puschlavern, so fällt uns die schöne Uebereinstimmung auf, wogegen sich bei den Wallisern (Männer und Weiber) und bei den Tiroler-Männern eine grosse Plus-Differenz zeigt. Diese Differenzen sind natürlich auch zum Teil den verschiedenen Messmethoden zuzuschreiben.

Es könnte sich nun noch darum handeln, die Capacität der übrigen gemessenen Disentiser-Schädel aus den Massen zu berechnen. Zu diesem Zwecke habe ich die vorgeschlagenen Berechnungs-Methoden einer kleinen Prüfung an 10 Daniser-Schädeln (5 ♂ und 5 ♀) unterworfen und dabei folgende Resultate erhalten:

---

[1]) A. Quatrefages et E. Hamy (Crania ethnica. Les crânes des races humaines, Paris 1882, p. 491.

Danis	Berechnung der Capacität nach:				Hirse	Fehler nach:			
№	Manouvrier 1)	Lee-Pearson 2)	Welcker 3) Schädelmodulus	Welcker 4) Horizontalumfang	Messung	Manouvrier	Lee-Pearson	Welcker Modulus	Welcker Horizontalumfang
185 ♂	1591	1543	1543	1543	1550	+ 41	— 7	— 7	— 7
165 ♂	1716	1584	1657	1575 ?	1620	+ 96	— 36	+ 37	— 45?
187 ♂	1659	1567	1609	1626 ?	1660	— 1	— 93	— 51	— 34?
167 ♂	1799	1601	1710	1626 ?	1750	+ 49	— 149	— 40	—124?
170 ♂	1642	1459	1560	1511	1410	+ 232	+ 49	+ 150	+101
						+ 83	— 47	+ 18	— 22
157 ♀	1382	1248	1286	1309	1200	+ 182	+ 48	+ 86	+ 109
159 ♀	1430	1303	1308	1398	1255	+ 175	+ 48	+ 53	+ 143
162 ♀	1426	1263	1300	1334	1300	+ 126	— 37	0	+ 34
179 ♀	1361	1295	1268	1334	1330	+ 31	— 34	— 32	+ 4
136 ♀	1516	1383	1400	1386	1425	+ 91	— 42	— 25	— 39
						+ 121	— 4	+ 16	+ 50

Die kleinsten Abweichungen von den Messungen zeigt in den obigen Fällen die Methode nach Lee und Pearson, doch nur für die weiblichen Schädel, während bei den Männern auch eine Differenz von — 149 ccm des berechneten Masses gegenüber dem gemessenen auftritt. Aus diesem Grunde habe ich von einer Berechnung der Capacitäten der Disentiser Schädel abgesehen, ebenso von einer Vergleichung mit den von Pitard berechneten Wallisern, da gerade die Methode Manouvriers, nach welcher Pitard seine Capacitäten berechnete, in obiger Tabelle die grössten Abweichungen aufweist. Trotzdem ich von einer Berechnung der Capacitäten der übrigen Schädel abgesehen habe, glaube ich doch Anhaltspunkte dafür zu besitzen, dass sie mit den übrigen direkt bestimmten Werten übereinstimmen.

---

1) Manouvrier, L. Sur l'indice cubique du crâne. Compte rendu par l'association française pour l'avancement des sciences. 1880 p. 870.

2) Lee, A. und Pearson, K. Data for the problem of evolution in man. — VI. A first study of the correlation of the human skull. Philosophical transactions of the royal Society of London. Serie A., vol. 196, pag. 243.

3) Welcker, H. Die Capacität und die drei Hauptdurchmesser der Schädelkapsel bei den verschiedenen Nationen. Archiv für Anthropologie, 1886, S. 71.

4) Welcker, H. l. c. S. 88.

Ich schliesse das schon aus dem Verhalten der Schädelumfänge. Es zeigt sich nämlich, dass Horizontal- und Querumfang der nicht gemessenen Schädel denjenigen der gemessenen fast gleichkommen, wie folgende Nebeneinanderstellung zeigt:

	Horizontalumfang	Querumfang
Schädel mit gemessener Capacität	512 mm	328 mm
Schädel mit nicht gemessener Capacität	513 „	325 „

Umfänge.

Der Horizontalumfang schwankt zwischen den beiden Extremen von 449 mm und 561 mm und der Querumfang zwischen 292 mm und 368 mm. Die 8 Bündner von Quatrefages et Hamy ('82 S. 491) zeigen ein Mittel von 507 ccm Horizontalumfang. Scholl ('91 S. 12 und 56) findet für seine Davoser auch ein Mittel des Horizontalumfanges von 512 mm, für die Saaser von 514 mm und die Puschlaver von 509 mm, Pitard ('99 S. 134) für 50 ♂ 522 mm und 50 ♀ 499 mm, was ein Mittel von 511 mm ergibt.

Indices.

Längenbreiten-Index: Bei einer Betrachtung der Schädel fällt vor allem die geringe absolute Längenentwicklung derselben auf; sie schwankt bei den 252 Disentisern ziemlich bedeutend, nämlich zwischen 153 mm und 199 mm; allerdings fallen nur wenig Exemplare in die Nähe dieser Extreme; die grosse Mehrzahl hat eine Länge von 160—183 mm. Das Mittel beträgt 173,5 mm, also ein absolut geringes Mass. Im Gegensatze dazu sind Breite und Höhe absolut beträchtlicher. Beim Breitenmass sind die Extreme näher bei einander, als bei der Länge; die Schwankung bewegt sich nämlich nur zwischen 31 Einheiten, von 131 mm bis 162 mm, und die Breiten, die eine grössere Anzahl Vertreter haben, sind 139 mm bis 159 mm. Die Mittelzahl ist 148,1 mm. Dass die Breite der Schädel nicht viel hinter der Länge derselben zurückbleibt, zeigt sich sehr schön im Längenbreiten-Index. Das Mittel desselben ist 85,4, liegt also gerade an der untern Grenze der Hyperbrachycephalie. Die Indices schwanken innerhalb 21 Einheiten, nämlich von 75 bis 95. 93.2 % der Schädel liegen innerhalb der Grenzen 79 bis 91 und sogar 45,2 % von 84 bis 87. Die Verteilung auf die verschiedenen Gruppen ist die folgende:

75 — 79.9 Mesocephale = 16 oder 6.4 %
80.0 — 84.9 Brachycephale = 102 „ 40.5 % } 93,6 %
85.0 — 95.9 Hyperbrachycephale = 134 „ 53.1 % }

Ich gebe noch die genauere Verteilung auf die verschiedenen Einzel-Indices. (Vergleiche auch die graphische Darstellung auf folgender Tafel).

Index	75	4	Schädel	Index	85	30	Schädel
„	76	2	„	„	86	18	„
„	77	2	„	„	87	26	„
„	78	1	„	„	88	19	„
„	79	7	„	„	89	16	„
„	80	11	„	„	90	9	„
„	81	14	„	„	91	8	„
„	82	15	„	„	92	1	„
„	83	23	„	„	93	4	„
„	84	39	„	„	94	2	„
				„	95	1	„

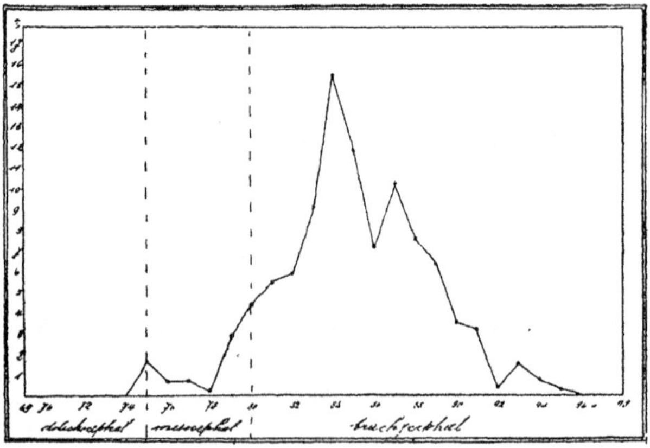

Die 4 Schädel mit dem Längenbreiten-Index 75 fanden sich im Beinhaus zu Danis und sollen weiter unten, getrennt von den andern, einer genaueren Beschreibung unterworfen

werden, da sie einem ganz andern Typus angehören. Von einer Vergleichung der Schädelgruppen aus den 9 verschiedenen Beinhäusern des Kreises Disentis sehe ich ab, da die Ergebnisse überall so ziemlich die gleichen waren und ja nur Disentis und Danis genügend Material zu einem mehr oder weniger zuverlässigen Schluss bieten würden. Nur ausnahmsweise sollen diese beiden Orte getrennt erwähnt werden. Bei einem Vergleich der vorliegenden Serie von Disentiser Schädeln mit den bis jetzt untersuchten Bündnern zeigt sich für den Längenbreiten-Index eine überraschende Gleichheit. Ich lasse hier die mir bekannten Ergebnisse über diesen Punkt folgen, mit der Angabe, aus wie viel Schädeln jeweilen das Mittel berechnet ist.

	Anzahl	Längenbreiten-Index
Bündner von Baer	6	90,8
„ „ His	6	84.9
„ „ Hovelacque	7	84.5
Davoser „ Scholl	35	85.5
Puschlaver von Scholl	10	86.0
Disentiser von Wettstein	252	85.4

Ueberall ist der Index zum mindesten an der Grenze der Brachycephalie zur Hyperbrachycephalie und ein Mittel aus allen ergibt für den Bündner-Schädel einen Längenbreiten-Index von 85.5, also die untere Grenze der Hyperbrachycephalie.

Längenhöhen-Index: Die ziemlich beträchtliche Schädelhöhe hat zum Mittel 131.5 mm und als Extreme 116 mm und 156 mm. Die engeren Grenzen der Schwankungen sind 121 mm und 140 mm. Die grösste Ohrhöhe war 139 mm und die kleinste 101 mm. Vom Mittel 116.4 mm, welches auch die meisten Vertreter aufweist, fällt die Kurve ziemlich gleichmässig ab bis zu den engeren Grenzen von 107 und 126 mm. Darüber hinaus liegen nur noch 13 Schädel. Die beiden Extreme, innert denen der Längenhöhen-Index schwankt, sind ungefähr gleich weit aus einander wie die des Längenbreiten-Index, nämlich 22 Einheiten. Die beiden Grenzen sind 66 und 87. Den Index 70 bis 80 haben 91.2 % und 62.0 % der Schädel liegen zwischen 73 und 77. Das Mittel des Längenhöhen-Index beträgt 75.5. Im Folgenden gebe ich die Verteilung auf die verschiedenen Gruppen:

(x — 69. 9)	chamaecephal sind	10	Schädel	=	4. 0 %
(70. 0 — 74. 9)	orthocephal	„ 103	„	=	40. 9 %
(75. 0 — x)	hypsicephal	„ 139	„	=	55. 1 %

Die genauere Verteilung auf die verschiedenen Indices siehe auf nachstehender Tafel.

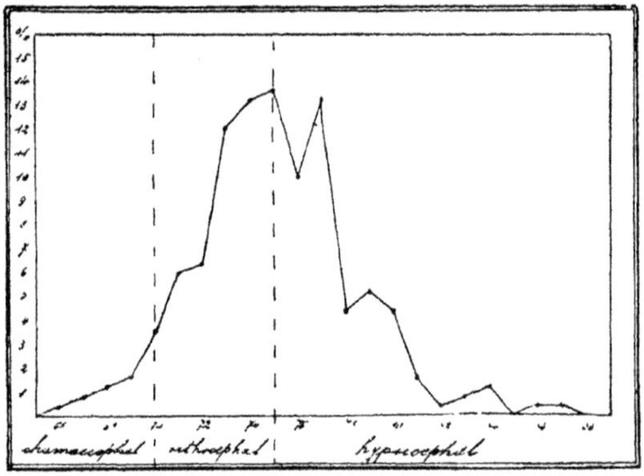

Ich lasse hier die Mittel der bis jetzt untersuchten Bündner folgen:

	Längenhöhen-Index
Bündner von Baer	81. 8
„ „ His	80. 9
„ „ Hovelacque	77. 0
Davoser von Scholl	76. 2
Puschlaver von Scholl	74. 6
Disentiser von Wettstein	75. 5

Hier sind die Schwankungen bei den verschiedenen Autoren grösser als für den Längenbreiten-Index, doch bleiben sie mit Ausnahme der 10 Puschlaver innerhalb der Hypsicephalie.

Breitenhöhen-Index: Sehr zutreffend auch für die Disentiser Schädel ist, was Ranke über den Breitenhöhen-Index für brachycephale Schädel sagt[1]: „Der Breitenhöhen-Index lässt nicht den

---

[1]) Ranke, J. Beiträge zur physischen Anthropologie der Bayern. Bd. I, Abschnitt II, Kapitel V, S. 175.

gleichen stetigen Verlauf erkennen. Er ist sichtlich für die feinere kraniometrische Charakterisirung vorwiegend brachycephaler Schädelformen weniger geeignet, als der Längenbreiten- und der Längenhöhen-Index. Die geringen Differenzen zwischen Breite und Höhe lassen die vorliegenden Unterschiede entsprechend weniger prägnant hervortreten. Dabei erscheinen bei dem allgemeinen Uebergewicht der Breite über die Höhe die altbayerischen Schädel, auch wenn sie von bedeutender absoluter Höhenstreckung sind, niedriger, verglichen mit den schmalen Schädeln anderer Gegenden, deren absolute Höhe meist viel weniger beträchtlich ist." Die Disentiser zeigen folgendes Verhalten hinsichtlich des Breitenhöhen-Index.

Mittel	Maximum	Minimum
88.5	108	77

Einen Index von 80 bis 95 haben 93.2 % der Schädel und 42.0 % fallen auf die Indices 87 bis 90.

Ein Vergleich der Grösse der einzelnen Gruppen für Längenhöhen- und Breitenhöhen-Index zeigt folgendes interessante Verhalten:

	Längenhöhen-Index	Breitenhöhen-Index
Chamaecephale	10	204
Orthocephale	103	43
Hypsicephale	139	5

Hieraus ersieht man auf den ersten Blick, wie wenig zutreffend die Bezeichnungen Chamaecephalie, Orthocephalie und Hypsicephalie bei Längenhöhen- und Breitenhöhen-Index zugleich für die Vergleichung beider Indices mit einander sind. Es ist daher sehr zu wünschen, dass für den einen der beiden Indices (den Breitenhöhen-Index) andere Termini für die Gruppierung geschaffen werden. Bei den verschiedenen Autoren weist der Breitenhöhen-Index für Bündner Schädel die grössten Schwankungen auf, nämlich von 86.8 bis 95.4.

Bündner von Baer	90.1
„ „ His	95.4
„ „ Hovelacque	91.0
Davoser von Scholl	89.4

Puschlaver von Scholl	86.8
Disentiser von Wettstein	88.5

Im Allgemeinen lässt sich hinsichtlich dieser Indices folgendes von meinen 252 Disentiser Schädeln sagen: Mehr als die Hälfte, nämlich 53.2 %, sind hypsi-brachycephal, doch weist auch die Orthobrachycephalie eine grosse Anzahl Vertreter auf, nämlich 36.8 %. Auf die andern Formen entfallen nur 25 Schädel oder 10 %. Von den 250 Schädeln sind

hypsi-mesocephal	3	=	1.2 %	
„ brachycephal	43	=	17.2 %	hypsi-brachycephal =
„ hyperbrachycephal	90	=	36.0 %	133 = 53.2 %
ortho-mesocephal	12	=	4.8 %	
„ brachycephal	52	=	20.8 %	ortho-brachycephal =
„ hyperbrachycephal	40	=	16.0 %	92 = 36.8 %
chamae-mesocephal	1	=	0.4 %	
„ brachycephal	6	=	2.4 %	chamae-brachycephal =
„ hyperbrachycephal	3	=	1.2 %	9 = 3.6 %

An dieser Stelle mag es auch angezeigt sein, den Obergesichts-Index zur genaueren Charakterisirung der Schädelformen herbei zu ziehen, doch werde ich erst später bei der Norma frontalis die gefundenen Obergesichtsformen eingehender besprechen.

Combinire ich diesen Obergesichts-Index mit dem Längenbreiten- und Längenhöhen-Index, so ergibt sich folgendes Resultat:

61 Schädel	oder	24.4 %	sind	mesoprosop	hypsi-brachycephal
43 „	„	17.2 %	„	„	ortho- „
62 „	„	24.8 %	„	chamaeprosop-hypsi-brachycephal	
43 „	„	17.2 %	„	„	ortho- „
209 Schädel	oder	83.6 %			

209 der obigen Schädel (83.6 %) zeigen also diese vier Combinationen.

Die andern Gruppen weisen nur wenige Vertreter auf. Ich lasse hier die genauere Uebersicht folgen.

Bei den Disentisern verbinden sich Schädel- und Gesichtsform in folgender Art miteinander:

leptoprosop-hypsi-mesocephal	1 =	0.4 %	
„ „ brachycephal	5 =	2.0 %	10 = 4.0 %
„ „ hyperbrachycephal	5 =	2.0 %	
leptoprosop-ortho-mesocephal	4 =	1.6 %	
„ „ brachycephal	5 =	2.0 %	6 = 2.4 %
„ „ hyperbrachycephal	1 =	0.4 %	
leptoprosop-chamae-hyperbrachycephal	1 =	0.4 %	
mesoprosop-hypsi-brachycephal	20 =	8.0 %	61 = 24.4 %
„ „ hyperbrachycephal	41 =	16.4 %	
mesoprosop-ortho-mesocephal	4 =	1.6 %	
„ „ brachycephal	28 =	11.2 %	43 = 17.2 %
„ „ hyperbrachycephal	15 =	6.0 %	
mesoprosop-chamae-mesocephal	1 =	0.4 %	
„ „ brachycephal	2 =	0.8 %	3 = 1.2 %
„ „ hyperbrachycephal	1 =	0.4 %	
chamaeprosop-hypsi-mesocephal	2 =	0.8 %	
„ „ brachycephal	18 =	7.2 %	62 = 24.8 %
„ „ hyperbrachycephal	44 =	17.6 %	
chamaeprosop-ortho-mesocephal	4 =	1.6 %	
„ „ brachycephal	19 =	7.6 %	43 = 17.2 %
„ „ hyperbrachycephal	24 =	9.6 %	
chamaeprosop-chamae-brachycephal	4 =	1.6 %	5 = 2.0 %
„ „ hyperbrachyceph.	1 =	0.4 %	

Normenbeschreibung.

Die eigentliche Normenbeschreibung erstreckt sich nur auf die 78 Schädel (68 aus Danis und 10 aus Disentis), die ich im anthropologischen Institut Zürich genauer studiren konnte, nur die metrischen Resultate, die ich jeweils hineinflechten werde, beziehen sich auf sämtliche 252 gemessenen Schädel; wenn ein

Mass nicht bei allen Exemplaren genommen werden konnte, werde ich es jeweils angeben. Aus diesem ersten Teile der Normenbeschreibung lasse ich 4 mesocephale Individuen weg, die sich dem Aussehen nach ganz von dem Gros der Schädel unterscheiden. Ich werde sie später gesondert besprechen.

1. Norma verticalis.

Die Schädel zeigen von oben betrachtet mit nur kleinen Variationen die Form eines kurzen Ovals, dessen hinterer Pol stumpf abgerundet, und dessen vorderes, schmaleres Ende durch eine mehr oder weniger gerade Linie abgeschlossen ist. Bei vielen kann man fast von einem Kreise sprechen, wenn zu der grossen Hyperbrachycephalie noch abgerundetes Hinterhaupt und abgerundete Stirnregion hinzukommen. Weit häufiger aber verjüngt sich der Schädel nach vorn ziemlich stark. Die grösste Schädelbreite kann oft fast das Doppelte der kleinsten Stirnbreite betragen. Dies zeigt sich deutlich im transversalen Fronto-parietal-Index. Derselbe sinkt bis auf 55 herunter, weist aber die meisten Vertreter von 62 bis 70 auf. Vereinzelte Fälle gehen noch bis 76. Das Mittel ist 66.4. Auch im Stirnbein selbst kommen schon grosse Breitenunterschiede vor zwischen kleinster (vorderer) und grösster (hinterer) Stirnbreite. Der Frontal-Index schwankt zwischen 66 und 89, doch sind die Fälle unter 73 und über 80 nur noch vereinzelt. Das Mittel ist 77.6. Von der Hinterhauptschuppe ist meist nur noch ein kleiner Teil sichtbar, gewöhnlich nur der oberste Abschnitt der Lambdanaht. Der Scheitel ist ziemlich flach oder gegen die Sagittalnaht hin sanft gewölbt, doch verflacht sich die Wölbung nach hinten wieder. An einigen Schädeln sieht man auch ein sehr starkes Vorwölben des ganzen planum occipitale des Hinterhauptbeines (Nr. 130, 144, 150, 169). Die Jochbogen sind in der grossen Mehrzahl unsichtbar, nur in sehr seltenen Fällen kommt Phänozygie vor. Der unterste Teil der beiden Nasenbeine ist meist noch zu sehen. Gegenüber der grössten Schädelbreite tritt die Jochbogenbreite ziemlich stark zurück. Diese letztere zeigt grosse Schwankungen, von 102 mm bis 149 mm, und zwar liegen hier auch die engeren Grenzen ziemlich weit aus einander, nämlich bei 118 mm und 142 mm.

Das Mittel ist 130.8 mm. Nur bei einem mesocephalen Schädel sind grösste Schädelbreite und Jochbogenbreite gleich gross. Der Craniofacial-Index schwankt zwischen 75 und 100 in einzelnen Fällen; eine grössere Anzahl von Schädeln zeigt die Indices von 86 bis 94.

Die Lage der grössten Schädelbreite ist meist weit hinten im untern Abschnitt des Parietale, manchmal auch auf dem Schläfenbein. Die Tubera parietalia sind gewöhnlich gut sichtbar. Sie liegen weit hinten und hoch. Nur selten ist eine ganze, deutliche Linea temporalis superior zu sehen, Anfänge derselben auf dem Stirnbein sind häufiger und reichen etwa bis zur Kranznaht. Sie verlaufen gewöhnlich relativ hoch.

Ziemlich häufig findet sich eine mehr oder weniger ausgesprochene Plagiocephalie. Bei den 78 genauer untersuchten Schädeln kommt sie in 21 Fällen vor, das entspricht einer Häufigkeit von 26.9 %. Die Richtung der Abflachung ist nicht immer die gleiche, wie dies von Scholl ('91 S. 26) erwähnt wird. Die Abplattung betrifft stets das Hinterhaupt und zwar liegt dieselbe 9 mal auf der linken und 12 mal auf der rechten Hälfte des Schädels. Man hat die Plagiocephalie schon zurückführen wollen auf die Art und Weise, wie das Kind in der frühesten Jugend getragen wurde (Scholl '91 S. 27). Inwieweit diese Annahme bei den Disentisern richtig ist, kann ich nicht beurteilen.

Die Nähte sind im Allgemeinen ziemlich reich gezackt, etwa Nr. 4—5 des Broca'schen Schemas. In der Kranznaht waren bei 4 Schädeln Nahtknochen vorhanden (Nr. 126, 178 und Dis. 97, 99). In der Sagittalnaht zeigten sich solche in zwei Fällen (Nr. 169 und Nr. 176).

Eine grössere Anzahl meiner Schädel, nämlich 18 oder 7.14 %, zeigt die Persistenz der Stirnnaht. Dies veranlasst mich, etwas genauer auf dieses Verhalten einzutreten. Aus der Litteratur[1]) sind bereits folgende Häufigkeiten ihres Auftretens bekannt: Springer = 7.96 %, Topinard = 9.5 %, Welcker (Kaukasier) = 9.7 %, Papillault = 10.47 %, Welcker (Giessen) =

---

[1]) Ich citiere hier nach M. Springer: Ueber die Stirnnaht und den Stirnfontanellenknochen beim Menschen. Diss. Königsberg 1897.

11.5 %, Lombroso (Verbrecher) = 12,7 %, Mingazzini = 16.0 %, Cascarella = 20.0 %. Mehrere fanden auch nur 5 %. Bei keinem der genauer beschriebenen Disentiser Schädel war die Stirnnaht die genaue Fortsetzung der Sagittalnaht, sondern sie setzte entweder links oder rechts von deren Einmünden in die Kranznaht an. In 6 von 7 Fällen war das letztere der Fall. Die Entfernung der beiden Mündungsstellen in der Kranznaht war ziemlich schwankend, bei obigen 7 Schädeln von 2 mm bis 9 mm. Das Mittel betrug 4.5 mm. E. Coraini[1]) hat über das Zusammentreffen der Nähte am Bregma kürzlich Untersuchungen angestellt und die Verhältnisse beim Menschen mit denen bei den Säugetieren verglichen. Schon Simon[2]) machte darauf aufmerksam, dass äusserst selten die Stirnnaht die genaue Fortsetzung der Pfeilnaht ist, dass dieselbe vielmehr fast stets einige Millimeter nach rechts oder links sich von derselben in die Kranznaht einsenkt. Sander[3]) behauptete, dass das Nichtzusammentreffen beider Nähte auf eine Schiefstellung der Sutura sagittalis zurückzuführen sei und nicht auf diejenige der Sutura frontalis, wie Simon ausgeführt hatte. Doch Bardeleben[4]) wies dann nach, dass beides der Fall sein kann. An 24 metopischen Schädeln fand er, dass beide Nähte median verlaufen können, oder gleichzeitig abweichen und zwar nach derselben oder nach entgegengesetzter Richtung, ferner dass eine der Nähte sowohl Sutura frontalis als sagittalis median verlaufen könne, während die andere nach rechts oder links abweiche. Die Distanz beider Nähte von einander an der Einmündungsstelle in die Sutura coronalis betrug 2 mm bis 16 mm, im Mittel 6 mm. Ein ähnliches Verhalten fand Popow[5])

---

1) E. Coraini. L'articolazione begemina del Bregma. Comparativamente studiata negli animali attuali; in Atti della Societa romana di Antropologia Vol. VII — Fasc. III. Roma 1901.

2) Simon, Th. Ueber die Persistenz der Stirnnaht, Virchow's Archiv, Bd. 58. Berlin 1873.

3) Sander. Ueber eine Schädeldecke mit persistenter scheinbar abnorm gelagerter Stirnnaht, Berliner Klinische Wochenschrift 1875, Nr. 7.

4) Bardeleben. Ueber die Abweichung der Sutura frontalis persistens und der Sutura sagittalis von der Medianlinie. Korrespondenzblatt der deutschen Gesellschaft für Anthropologie. 1877. April.

5) Popow, M. 1. Stirnfontanellknochen. 2. Metopische Schädel. 3. Schaltknochen in der Stirnnaht. 1888. In russischer Sprache. Referat von L. Stieda im Arch. f. Anthr. Bd. XX. S. 373—374.

bei 17 metopischen Schädeln. Den Grund dieser Unregelmässigkeit findet Springer ('97 S. 35 u. ff.) in dem Auftreten eines oder mehrerer Stirnfontanellknochen und dem verschiedenen Verschmelzen derselben mit den Stirn- und Scheitelbeinen. Dadurch müsse dann der betreffende Knochen grösser werden und gleichzeitig sich die Sutura frontalis oder sagittalis verschieben.

Eine eingehende Arbeit über 90 Schädel mit Stirnnaht hat Papillault[1]) veröffentlicht, worin er sich besonders mit der Ursache des Metopismus und dem damit zusammenhängenden Unterschied zwischen metopischen und nicht metopischen Schädeln beschäftigt. Er kommt dabei zu folgenden Resultaten. Bei den metopischen Schädeln existirt eine Vergrösserung der Querdurchmesser des Schädels mit einem Maximum der Wölbung in der Höhe der Stirnhöcker. Dies ist seiner Ansicht nach der Beweis eines innern Druckes. Dieser innere Druck ist allgemein und entspricht einer grösseren Gehirnentwicklung. Ich lasse hier die Zahlen folgen, die Papillault bei seinen Untersuchungen gefunden hat.

	Männer		Frauen	
	Nicht metopisch	Metopisch	Nicht metopisch	Metopisch
	mm	mm	mm	mm
Kleinste Stirnbreite	96.44	99.86	92.46	96.68
Grösste „	119.58	127.00	115.29	120.50
„ Schädelbreite	143.38	145.38	137.67	138.85
Frontal-Index	80.64	78.62	80.20	80.21
Transversaler Fronto-parietal-Index	67.26	68.68	67.15	69.63
Längen-Breiten-Index	79.21	80.75	77.95	79.37
Capacität	1535.1	1575.6	1395.8	1410.9

In dieser Tabelle zeigen sich also Unterschiede zwischen Metopikern und Nichtmetopikern, die oft ganz beträchtlich werden. So ist die grösste Stirnbreite bei den ersteren im Mittel um 7.42mm

[1]) Papillault, G. La suture métopique et ses rapports aver la Morphologie crânienne. 1896. Mémoires de la Société d'Anthropologie de Paris. Tom. II. 3e Série. 1er Fascicule.

bei den Männern und um 5.21 mm bei den Frauen grösser, als bei den nicht metopischen Schädeln. Etwas ähnliches, nur nicht in demselben Masse, ist der Fall für die kleinste Stirnbreite und die grösste Schädelbreite. Auch in Bezug auf die Capacität zeigt sich ein Unterschied. Dieser beträgt bei den Frauen 15,1 ccm, und bei den Männern sogar 40.5 ccm zu Gunsten des Metopismus.

Für meine 18 metopischen Schädel habe ich dieselben Mittelzahlen zusammengestellt und sie mit denen der nicht metopischen verglichen.

		Nicht metopische		Metopische	
Kleinste Stirnbreite		cm	9.9	cm	10.1
Grösste „		„	12.7	„	12.9
„ Schädelbreite		„	14.8	„	14.9
Frontal-Index		„	77.6	„	78.2
Trans. Front.-pariet.-Index		„	66.4	„	67.7
Längen-Breiten-Index		„	85.4	„	86.4
Capacität	♂	ccm	1429	ccm	1430
„	♀	„	1333	„	1358

Bei meinen Beobachtungen sind die absoluten Unterschiede für Stirnbreiten und grösste Schädelbreite viel geringer, nur 1—2 mm, aber auch zu Gunsten der metopischen Schädel. Der Unterschied in der Capacität bei den 5 weiblichen Schädeln ist etwas grösser, nämlich 25 ccm. Dass der einzige metopische männliche Schädel in seiner Capacität gerade dem Mittelwert aller männlichen Schädel entspricht, ist natürlich Zufall.

2. Norma lateralis.

In der Norma lateralis betrachtet, erscheinen die Schädel kurz und hoch, und zeigen etwa die Form des „Sphenoides latus“ von Sergi ('93 S. 30). Nach der üblichen Einteilung berechnet, ergeben sich:

10 Schädel	= 4.0 %	als	chamaecephal
103 „	= 40.9 %	„	orthocephal
139 „	= 55.1 %	„	hypsicephal

Die genaueren Masse für den Längenhöhen-Index siehe S. 15. Was den Verlauf der Stirnkurve anbelangt, so passt auf sie ziemlich genau die Beschreibung, die His ('64 S. 26) für seinen Disentiser Typus angibt: „Die Stirn steigt oft beinahe senkrecht an und ihre Ebene bildet mit der Scheitelebene einen Winkel, der nicht viel über einen rechten beträgt. Doch ist dies nicht ausnahmslos der Fall; bei manchen Schädeln weicht die Stirn mehr oder minder bedeutend zurück und setzt sich alsdann auch minder scharf gegen den Scheitel ab.“ Von hier an beschreibt die Kurve eine ziemlich starke Wölbung bis zum höchsten Punkte, der meist mit dem Bregma erreicht ist, selten vor, häufiger etwa 1 cm bis 2 cm hinter demselben liegt. Die Profillinie zieht sich nun fast flach oder doch nur sehr wenig gewölbt, manchmal sogar ein Stück weit fast konkav nach hinten, um dann meist ziemlich unvermittelt steil abzufallen bis zum Inion. Dort erfolgt eine neue, auch gewöhnlich scharfe, Knickung. Die Nuchalpartie des Hinterhauptbeines ist in den meisten Fällen sehr stark verkürzt.

Zur Beschreibung der Teilabschnitte der Sagittal-Kurve übergehend, erwähne ich zunächst, dass sich nur selten starke Superciliarwülste und eine grosse Glabella finden. Auch im Falle ihres Vorkommens sind die Superciliarbogen kurz und senken sich gewöhnlich gegen die Glabella zu ein. Das Nasion liegt im allgemeinen hoch. Die Nasenbeine sind mittelgross und im untern Teil meist ein wenig vorspringend, so dass eine stärkere oder schwächere konkave Kurve entsteht. Häufig sind auch die Fälle, wo die Nasalia vom Nasion an gerade sind, dagegen sind die „aquilinen“ Nasen (nach Virchow) selten, bei denen die Spitze ein wenig nach unten gedrückt ist.

Das Vorspringen des Hinterhauptbeines bei mehreren Schädeln habe ich schon oben bei der Norma verticalis angeführt.

Auf Grund der Schwalbe'schen Studien über den Pithecanthropus erectus schien es wichtig, auch an meinem ausgesprochen brachycephalen Schädelmaterial das Verhältnis der einzelnen Bogenlängen der Deckknochen in der Sagittalen des Schädels zu untersuchen (in 11 Fällen konnten diese Bogen wegen Obliteration der Nähte nicht gemessen werden). Die Untersuchung ergab folgendes Resultat:

Am grössten ist der Frontalbogen	in	176	Fällen	=	73.1 %
„ „ „ „ Parietalbogen	„	44	„	=	18.3 %
„ „ „ „ Occipitalbogen	„	11	„	=	4.5 %
Frontalbogen = Parietalbogen	„	7	„	=	2.9 %
Frontalbogen = Occipitalbogen	„	3	„	=	1.2 %

Die Stirnbogenlänge schwankt zwischen 112 mm und 150 mm mit einem Mittel von 128.1 mm. Nach beiden Seiten grösser, aber namentlich nach unten ist die Schwankung der Parietalbogen, nämlich von 97 bis 151 mm. Am kleinsten ist der Occipitalbogen; das Mittel seiner Bogenlänge ist 112.7 mm. Auch die Schwankung bleibt hier in ziemlich engen Grenzen (Minim. 99 mm, Maxim. 135 mm). Der mittlere Anteil der einzelnen Bogen am Sagittalumfang ist folgender:

Frontalbogen	35.5 %
Parietalbogen	33.2 %
Occipitalbogen	31.2 %

Die Annahme Schwalbes,[1] dass die brachycephalen Formen am meisten Affenähnlichkeit zeigen in Bezug auf die Bogen, scheint richtig zu sein, da wir es ja hier mit typisch brachycephalen Schädeln zu tun haben und der Frontalbogen hier die andern in so grossem Masse an Länge überwiegt. Als Index habe ich nur den sagittalen Fronto-parietal-Index berechnet $\left(\frac{\text{Parietalbogen} \times 100}{\text{Frontalbogen}}\right)$. Schwalbe ('99 S. 189) fand als Variationsbreite des Scheitelbein- oder sagittalen Fronto-parietal-Index beim recenten Menschen 89.3 bis 119.1. Für die 241 Disentiser ergab sich ein Minimum von 77.3 und ein Maximum von 111.16. Der Index 77.3 wurde gefunden aus einem Frontalbogen von 128 mm und einem Parietalbogen von 99 mm Länge. Dadurch wird die untere Grenze der Variationsbreite beim recenten Menschen gegenüber dem Schwalbe'schen Minimum um 11 Einheiten nach unten verschoben. Die Variationsbreite beträgt also 77.3—119.1. Als höchsten beim Affen gefundenen Index findet sich in der Tabelle von Schwalbe ('99 S. 188): 88.6. Von den Disentisern haben 53 Schädel einen Index unter dieser Grenze,

[1] Schwalbe, G. Studien über Pithecanthropus erectus. Zeitschrift für Morphologie und Anthropologie, 1899, S. 191.

zeigen also in dieser Hinsicht Affenähnlichkeit. Das Mittel des sagittalen Fronto-parietal-Index beträgt für die 241 Disentiser 93.5.

Auf die verschiedenen Indices verteilen sie sich folgendermassen. Einen Index von

77.3 — 79.9	haben	6	Schädel	=	2.5 %
80.0 — 89.9	„	66	„	=	27.4 %
90.0 — 99.9	„	118	„	=	49.0 %
100	„	7	„	=	2.9 %
100.1 — 109.9	„	43	„	=	17.8 %
110 — 111.6	„	1	„	=	0.4 %

83.1 % sämtlicher Schädel haben einen Index von 84 bis 104. Er nimmt von 93 mit 21 Vertretern ziemlich gleichmässig nach beiden Extremen hin ab.

Ich lasse hier noch die Tabelle XXX bei Schwalbe ('99, S. 190) folgen und ergänze sie durch die 241 Disentiser. Sie gibt an, in wie vielen Fällen bei den verschiedenen Rassen der Frontalbogen grösser als der Parietalbogen, wie oft der Frontalbogen gleich dem Parietalbogen und wie oft der Parietalbogen der grössere ist.

Rasse	F > P	F = P	P > F
34 Elsässer Männer	17 (50.0 %)	3 (8.8 %)	14 (41.2 %)
17 Elsässer Weiber	8 (47.1 %)	3 (17.6 %)	6 (35.3 %)
54 Schädel Weissthurmthor	17 (31.5 %)	5 (9.3 %)	32 (59.3 %)
3 Lappen	3	—	—
5 Italiener	3	—	2
5 Japaner	3	—	2
8 Malayen	2	1	5
6 Dayak	—	—	6
4 Singhalesen	1	1	2
4 Tamilen	4	—	—
7 Melanesier	—	—	7
12 Huron-Irokesen	10	—	2
49 rhät. Schädel (Davos, Puschlav, Savoyen)	36 (73.5 %)	2 (4.1 %)	11 (22.4 %)
241 Disentiser	190 (78.9 %)	7 (2.9 %)	44 (18.2 %)

Bei mehr als drei Viertel der Disentiser Schädel ist also der Frontalbogen grösser als der Parietalbogen, welches Verhältnis von den 49 rhätischen Schädeln nicht ganz und von den Elsässern und denen von Weissthurmthor lange nicht erreicht wird. Bei letzteren finden sich sogar mehr als die Hälfte die einen längeren Parietalbogen haben.

Die proj. Ohrhöhe schwankt ziemlich stark, zwischen 101 mm und 139 mm (Hauptvariation von 107 mm bis 126 mm); das Mittel beträgt 116.4 mm. Der Ohrhöhen-Index zeigt kleine Schwankungen; Fälle unter 62 und über 72 sind nur ganz vereinzelt. Die Schläfenschuppe ist sehr schwach entwickelt.

Was die Schläfengegend anbetrifft, so ist die Sutura sphenoparietalis gewöhnlich genau die Fortsetzung der Sutura squamosa oder das Parietale verlängerte sich doch nur sehr wenig gegen die Sutura sphenosquamosa hin.

Ein Stirnfortsatz der Schläfenschuppe war einmal links zu bemerken; Stenokrotaphie fand sich von 74 Schädeln 8 mal = 10.8 % und zwar 7 mal links und 1 mal rechts. Noch häufiger war das Auftreten von Schaltknochen an dem Pterion, nämlich 21 mal = 28.4 %, also ungefähr die gleiche Prozentzahl, wie sie Scholl ('91, S. 23) für seine Davoser fand. 7 mal war bei den Disentisern der Schaltknochen rechts, 6 mal links und 8 mal beidseitig. Nur einmal traten 2 nebeneinander auf.

Zur Bestimmung der Gesichtswinkel habe ich mir 31 Schädel ausgewählt, deren Alveolarpartie vollkommen gut erhalten war. Dabei habe ich aber von einer Trennung der beiden Geschlechter abgesehen. Gemessen habe ich mit dem Ranke'schen Goniometer und nach der Methode, die dieser Autor angibt.[1])

Da bei den meisten Disentisern die Höhe der Alveolarpartie des Oberkiefers eine ausserordentlich geringe ist, wie aus einem Vergleich der Masse der Nasenhöhe und Obergesichtshöhe hervorgeht (vergl. Tabelle auf S. 51), und ein gemessener Alveolarwinkel daher keinen Anspruch auf Genauigkeit mehr machen kann, habe ich in vielen Fällen diesen Winkel nicht gemessen. Oft fielen sogar der Mittelpunkt des obern Alveolar-

---

[1]) Ranke, J, Beiträge zur physischen Anthropologie der Bayern. München 1892. S. 143.

randes des Oberkiefers unter der Basis des Nasenstachels und der untere Alveolarrand des Oberkiefers so nahe zusammen, dass es überflüssig war, noch einen speziellen Mittelgesichtswinkel zu messen, da dieser dann doch fast zusammenfiel mit dem Profilwinkel. Es ergäben sich bessere Resultate, wenn man für den von Ranke vorgeschlagenen Mittelpunkt des obern Alveolarrandes des Oberkiefers unter der Basis des Nasenstachels den Punkt nehmen würde, der am hintern Ende des Nasenstachels auf dem Unterrande der Apertura piriformis liegt. Allerdings läge dieser Punkt nicht ganz in der Sagittalebene, aber wir hätten so doch die ganze Alveolarpartie des Oberkiefers in die Messung einbezogen, so dass der Alveolarwinkel dann eher die Richtung der ganzen Alveolarlinie zum Ausdruck bringen, und der Mittelgesichtswinkel nicht mehr in vielen Fällen fast mit dem ganzen Profilwinkel zusammenfallen würde.

Der ganze Profilwinkel schwankt zwischen einem Minimum von 84° und einem Maximum von 96°. Mittel 89.2°.

Teile ich, wie es Ranke getan ('92 S. 145), die Gruppe der Meso- oder Orthognathie symmetrisch in 2 Untergruppen und nenne Schädel mit einem Profilwinkel von 83°—86° meso- oder orthognath zur Prognathie neigend und jene mit einem Profilwinkel von 87°—90° meso- oder orthognath zur Hyperorthognathie neigend, so fänden sich 7 Schädel, welche in diesem Sinne zur Prognathie und 17 Schädel, welche zur Hyperorthognathie neigen.

Es zeigen sich bei den Disentisern also folgende Verhältnisse für den Profilwinkel:

Minimum	84°
Maximum	96°
Mittel	89,2°

Es sind.

prognath (bis 82°)	0	Schädel	= 0 %
meso- oder orthognath (83°—90°)	24	„	= 77,4 %
Davon neigen zur			
Prognathie 83°—86°	7	„	= 22,6 %
Hyperorthognathie (87°—90°)	16	„	= 54,8 %
Es sind			
hyperorthognath (91° u. darüber)	7	„	= 22,6 %

Ich habe für diese 31 Schädel noch den Kiefer-Index beberechnet, $\frac{\text{Gesichtstiefe} \times 100}{\text{Schädelbasislänge}}$, um meine Schädel auch mit den Wallisern Pitard's vergleichen zu können. Dieser Index war aber oft für verschiedene Schädel mit dem gleichen Gesichtswinkel ziemlich verschieden. Berechnete ich aber für die verschiedenen Schädel mit gleichem Profilwinkel den mittleren Index, so zeigte sich doch eine schöne Uebereinstimmung. Da das Material klein war, ergaben sich auch für Profilwinkel, die nur bei einem einzigen Schädel gefunden wurden, für den Index Abweichungen von der Norm, so bei den Profilwinkeln von 87° und 91°. Im Allgemeinen entsprach einem Profilwinkel von

84°	ein	Index	von	100
85°	„	„	„	95,8
86°	„	„	„	93,0
(87°	„	„	„	95,0)
88°	„	„	„	91,9
89°	„	„	„	90,5
90°	„	„	„	90,1
(91°	„	„	„	92,8)
92°	„	„	„	88,4
93°	„	„	„	86,6
94°	„	„	„	85,3
(96°	„	„	„	85,7)

Ein Mittel für den Kiefer-Index ergab 91,1. Nach Flower's Einteilung waren:

(unter 97,9)	orthognath	30	Schädel	=	96,8 %
(98,0—102,9)	mesognath	1	„	=	3,2 %
(103,0 und darüber)	prognath	0	„	=	0,0 %

Der Mittelgesichtswinkel wurde an 18 der obigen 31 Schädel gemessen. Das Mittel überstieg das des Profilwinkels etwa um 1°, es war 90,3°. Einem Minimum von 86° stand ein Maximum von 97° gegenüber. Die genaueren Verhältnisse ergeben sich aus folgender Tabelle:

Minimum	86°
Maximum	97°
Mittel	90,3°

Es sind

prognath	0	Schädel	= 0 %
meso- oder orthognath	10	„	= 55,5 %
Davon neigen zur			
Prognathie	3	„	= 16,6 %
Hyperorthognathie	7	„	= 38,9 %
Es sind			
hyperorthognath	8	„	= 44,5 %

Etwas mehr als die Hälfte meiner Schädel sind meso- oder orthognath und fast die Hälfte sind hyperorthognath. Das Verhältnis hat sich hier gegenüber dem ganzen Profilwinkel stark zu Gunsten der Hyperorthognathie verschoben. Da die Messungen an den gleichen Schädeln vorgenommen wurden, ergibt sich, dass die grössere Tendenz zur Prognathie, die beim ganzen Profilwinkel zum Ausdruck kommt, dem Alveolarwinkel zuzuschreiben ist.

Der Alveolarwinkel konnte nur an 14 der obigen Schädel gemessen werden. Er zeichnet sich in der Tat durch geringe Grösse aus. Das berechnete Mittel ist 83,1°. Obwohl eine Verteilung auf die verschiedenen Gruppen in Prozenten bei so kleiner Anzahl keinen grossen Wert hat, will ich sie doch angeben, um mit den andern Winkeln besser vergleichen zu können.

Minimum	73°
Maximum	90°
Mittel	84,1°

Es sind

prognath	5	Schädel	= 35,7 %
meso- oder orthognath	9	„	= 64,3 %
Davon neigen zur			
Prognathie	5	„	= 35,7 %
Hyperorthognathie	4	„	= 28,6 %
Es sind			
hyperorthognath	0	„	= 0 %

Mehr als ein Drittel der gemessenen Schädel zeigen alveolare Prognathie und von den 64,3 % der Meso- oder Orthognathen neigen mehr als die Hälfte zu dieser Form. Dagegen ist kein Schädel hyperorthognath. Dieser Unterschied in den verschiedenen Winkeln zeigt am besten folgende Zusammenstellung:

	Profilwinkel	Mittelgesichtswinkel	Alveolarwinkel
Minimum	84°	86°	73°
Maximum	96°	97°	90°
Mittel	89,2°	90,3°	83,1°
Es sind			
prognath	0 %	0 %	35,7 %
meso- oder orthognath	77,4 %	55,5 %	64,3 %
Davon neigen zur			
Prognathie	22,6 %	16,6 %	35,7 %
Hyperorthognathie	54,8 %	38,9 %	28,6 %
Es sind hyperorthognath	22,6 %	44,4 %	0 %

Es lässt sich dies dahin zusammenfassen:

Die Mehrzahl der Disentiser ist orthognath mit Neigung zur Hyperorthognathie, ein grosser Teil sogar hyperorthognath. Noch deutlicher zeigt sich die Hyperorthognathie im Mittelgesichtswinkel, wogegen die Bildung des Alveolarfortsatzes des Oberkiefers prognath und orthognath ist, mit starker Neigung zur Prognathie.

3. Norma frontalis.

Leider kann ich über die Form des ganzen Gesichtes bei keinem Schädel etwas aussagen, da bei keinem der zugehörige Unterkiefer vorhanden war.

Betrachtet man den Schädel als Ganzes, so fällt im Allgemeinen im Vergleich zu der weniger breiten Stirne die starke Verbreiterung des Gehirnschädels auf. Schon im Stirnbein ist die Verbreiterung nicht unerheblich, wie weiter oben bei der Norma verticalis erwähnt wurde. In einzelnen Fällen geht die kleinste Stirnbreite bis 83 mm hinunter und bis 111 mm hinauf, die weitaus grösste Anzahl der Fälle haben aber eine kleinste Stirnbreite von 89 mm — 108 mm. Das Mittel beträgt 98,6 mm. Diese Breite ist nun an und für sich schon ziemlich gering, und scheint es noch mehr im Verhältnis zur grössten Schädelbreite. Die Stirn kann in Bezug auf ihre Höhe in den meisten Fällen zu den mittleren und hohen gezählt werden. Die Stirnhöcker sind gewöhnlich sehr gut sichtbar.

Das Gesicht scheint in den meisten Fällen niedrig, oder doch weder in die Höhe noch in die Breite stark entwickelt zu sein. Dies bestätigt sich auch, wenn man den Obergesichts-Index betrachtet. Die Schwankungen desselben sind ziemlich klein; sie gehen nur von 40—59 mit schönem allmäligem Steigen in der Anzahl der Vertreter bis zu 32 Individuen mit dem Index 50. Das Mittel beträgt 50.1.

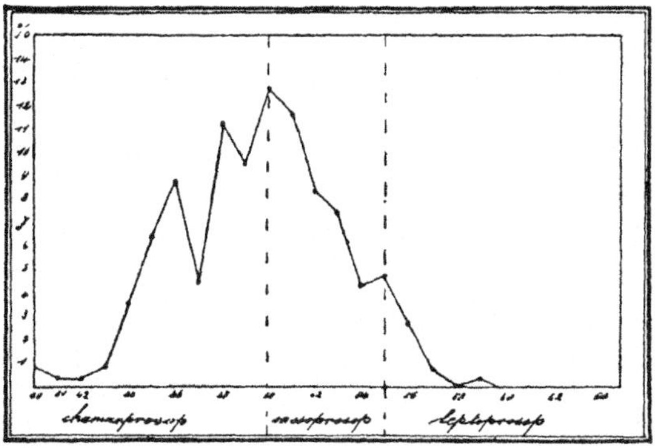

Chamaeprosop	(Index bis 49.9)	sind	116	Schädel	oder	46.4 %
Mesoprosop	(Index 50.0 — 54.9)	„	112	„	„	44.8 %
Leptoprosop	(Indez 55.0 bis x)	„	22	„	„	8.8 %

Eine kleine Verschiebung zu Gunsten der Chamaeprosopen hat ihren Grund in dem S. 7 erwähnten Schwund der oberen Alveolarpartie bei einer Anzahl von Schädeln.

Ich betone dies ausdrücklich, da ein späterer Beobachter von Disentiser Schädeln, der nur mature Formen berücksichtigen würde, vielleicht etwas höhere Werte finden dürfte.[1]) Da in

[1]) Ein Mittel der Obergesichtshöhe, das ich aus 56 Schädeln mit vollständig erhaltener Alveolarpartie berechnet habe, zeigt, verglichen mit dem Mittel aus sämtlichen 252 Schädeln, dass der Schwund der Alveolarpartie im Mittel nur 2.1 mm beträgt.

mehreren Beinhäusern der von mir untersuchten Gegend die Anzahl der Schädel eine sehr geringe war, war ich eben genötigt, auch leicht senile Formen, die an allen Orten überwogen, zur Untersuchung herbeizuziehen. Ausser auf die Gesichtshöhe hat dies wohl keinen Einfluss auf die von mir publizirten Masszahlen ausgeübt.

In den Grössenverhältnissen der Augenhöhlen treten grosse Schwankungen zu Tage; besonders geht die Hypsikonchie in einzelnen Fällen sehr weit hinauf. Die Extreme im Orbital-Index liegen bei 73 und 106; das Mittel ist 87.3. Chamaekonche Schädel finden sich nur 28 oder 11.1 %; der Ort Disentis selbst hat sogar nur 8 %. Ganz anders verhalten sich hierin die Davoser von Scholl ('91, S. 18).

Ich stelle hier seine Resultate mit den meinigen zusammen. Die aus dieser Zusammenstellung hervorgehende grosse Differenz beruht zum grössen Teil wahrscheinlich auf Unterschieden in der Messmethode. (Siehe S. 56.)

	Davoser	Disentiser
Mittel des Index	78.7	87.3
Chamaekonch sind	67.6 % (23)	11.1 % (28)
Mesokonch „	29.4 % (10)	25.1 % (63)
Hypsikonch „	2.9 % (1)	63.7 % (160)

Die Breitenachsen der Augenhöhlen fallen nach aussen meist ziemlich ab. Die allgemeine Form kommt einem Quadrat oder Rhombus mit abgerundeten Ecken sehr nahe. Die Orbitalränder sind fast überall scharf.

Ziemlich grosse Fossae caninae sind in den meisten Fällen vorhanden.

Wie im Orbital-Index, so sind auch die Schwankungen im Nasen-Index sehr beträchtlich. Obschon sich die grösste Anzahl der Fälle innerhalb der Extreme 42 und 54 befindet, so zeigt sich doch ein Minimum von 32 und ein Maximum von 62. Das Mittel steht bei 48.3, also in der Gruppe der Mesorrhinie. Eine Zusammenstellung mit den Davosern (Scholl '91, S. 15) weist auch hier wieder bedeutende Unterschiede auf. (Siehe S. 56 und 58.)

	Davoser	Disentiser
Leptorrhinie	15.2 % (5)	42.0 % (105)
Mesorrhinie	36.4 % (12)	31.6 % (79)
Platyrrhinie	39.4 % (13)	23.2 % (58)
Hyperplatyrrhinie	9.0 % (3)	3.2 % (8)

Die Davoser fallen hauptsächlich in die Gruppe der Platy- und Mesorrhinen und die Disentiser in die der Lepto- und Mesorrhinen; doch zeigt auch die Gruppe der Platyrhinen noch eine stattliche Anzahl Vertreter. Die Nasenwurzel ist gewöhnlich schmal. Von hier nach unten ziehen sich die Nasenbeine meist sanduhrförmig ein, um sich darauf wieder beträchtlich zu verbreitern. Doch kommen auch Formen vor, bei welchen die Nasalia nach oben fast spitz auslaufen (Nr. 143 und 175, sogen. Virchow'sche Katarrhinie). Die Internasalnaht, die in keinem Fall geschlossen ist, hat einen nicht immer geradlinigen Verlauf, so dass die beiden Nasalia gar nicht überall gleich stark ausgebildet sind. Die kleinste Breite beider Nasenbeine schwankt zwischen 5 mm und 15 mm. Eine Eigenschaft, die fast allen Nasen zukommt, ist die starke Wölbung der beiden Nasalia von links nach rechts. Nur selten sieht man eigentlich flache Nasen, dagegen viel häufiger solche, bei denen die Nasenbeine stark aufgerichtet sind und einen sehr spitzen Winkel mit einander bilden.

Zur allgemeinen Form der Nase trägt auch der Processus frontalis maxillae bei, je nachdem er aufgerichtet oder flach, breit oder schmal ist, welche verschiedenen Fälle auch bei den Disentisern vorkommen. Die Interorbitalbreite ist vertreten in Grössen von 16 mm bis 27 mm.

Die Apertura piriformis ist nicht gerade breit zu nennen, doch kommen auch hier wieder Schwankungen vor. Sie zeichnet sich vor allem dadurch aus, dass sie in den seltensten Fällen genau symmetrisch ist. Diese Asymmetrie wird oft sehr gross und kann darin beruhen, dass die eine Hälfte seitlich oder nach unten, oder auch in beiden Richtungen vergrössert ist; ersteres kommt am häufigsten vor.

Die Jochbogen zeigen eine geringe Ausladung. Schwankend ist die absolute Jochbogenbreite. Minimum und Maximum (102 mm und 149 mm) liegen 47 mm auseinander. Das Mittel ist 130.8 mm.

Auffallend ist bei vielen Schädeln die fast plötzlich eintretende Verschmälerung des Processus zygomaticus direkt hinter der Sutura zygomatico-temporalis.

Die Wangenbeinwinkel sind oft sehr undeutlich ausgebildet, so dass es schwer war, das für den Virchow'schen Gesichts-Index geforderte Mass zu nehmen. (Die Mittelgesichtsbreite varierte in den Grenzen von 79 mm bis 108 mm). In zweifelhaften Fällen habe ich den Messpunkt auf die Sutura zygomatico-maxillaris verlegt. Sehr deutlich ist dagegen an vielen Schädeln die Ausbildung eines scharfen Winkels am Hinterrande des Stirnfortsatzes des Jochbeines, eines Prozessus marginalis. Mehr oder weniger deutlich kam er bei der Hälfte der Schädel vor.

Der Index fronto-zygomaticus zeigt, dass die Jochbogenbreite überall ziemlich beträchtlicher ist, als die kleinste Stirnbreite. Der kleinste Index ist 62, der grösste 94, doch liegen weitaus die meisten Vertreter innerhalb der Grenzen 71 und 78.

Die Alveolarpartie des Oberkiefers war bei vielen Schädeln mehr in die Länge gezogen, bei andern mehr in die Breite; es zeigte sich darin wenig Typisches. Die Maxillarbreite, die ich gemessen habe, schwankt zwischen 40 mm und 68 mm.

Ich will an dieser Stelle noch etwas genauer auf das von Kollmann aufgestellte Gesetz der Korrelation eintreten. Dieses Gesetz, das Kollmann an verschiedenen Orten veröffentlichte, besagt, dass, wo sich an einem Schädel ein langes Gesicht finde, da dürfe man auch einen langen Gaumen, lange, schmale Nase und schmale hohe Augen erwarten; habe aber umgekehrt ein Schädel ein breites Gesicht, so müssten sich nach Kollmann's Ansicht damit auch niedere breite Nase, breite Augenhöhlen und breiter Gaumen paaren. Diese Merkmale sollen wiederkehren, sobald man es mit Individuen reiner Rasse zu tun habe. Wenn die Menschen aber aus der wiederholten Kreuzung verschiedener Rassen hervorgegangen sind, würden endlich diese Merkmale durcheinander gerüttelt, und es entständen Mischformen. Je grösser und je geringer die Discordanz der einzelnen Teile, desto grösser oder geringer sei der Grad der Mischung.

Schürch[1]) machte am Schädelmaterial der Anatomie Bern

---

[1]) Schürch O. Neue Beiträge zur Anthropologie der Schweiz. Bern 1900.

und mehrerer Beinhäuser der Innerschweiz die diesbezüglichen Untersuchungen und glaubt damit das Gesetz bewiesen zu haben. Er glaubt auch, dass Török, der die Theorie der Korrelation angegriffen hat,[1]) andere Resultate gefunden hätte, wenn er seine Messungen anstatt an 150 Pester Schädeln an einer Landbevölkerung gemacht hätte. In dieser Hinsicht kann also meinem Material nichts entgegen gehalten werden. Leider hat Schürch sich nur an die übliche Einteilung der Gesichter in leptoprosope und chamaeprosope gehalten. Ich habe noch eine dritte (mesoprosope) Gruppe angenommen, wie es im Anthropologischen Institut Zürich eingeführt ist, mit dem Index 50.0 bis 54.9, da doch viele Schädel weder ausgesprochen chamaeprosop noch ausgesprochen leptoprosop erscheinen. Meine Untersuchungen über die Korrelation erstrecken sich auf 237 Schädel, an den übrigen 15 konnten verschiedene hieher gehörende Masse nicht genommen werden. Ich gebe hier zuerst eine Uebersicht darüber, ob Augen, Nase oder Gaumen die beste Korrelation mit dem Gesicht als Ganzes zeigen:

Gesicht — Augen:

Es sind	leptoprosop-hypsikonch	7.2 %
	mesoprosop-mesokonch	10.8 %
	chamaeprosop-chamaekonch	6.5 %
Es zeigt sich	Korrelation in	24.5 %

Gesicht — Nase:

Es sind	leptoprosop-leptorrhin	5.4 %
	mesoprosop-mesorrhin	15.5 %
	chamaeprosop-platy- und hyperplatyrrhin	18.6 %
Es zeigt sich	Korrelation in	39.5 %

Gesicht — Gaumen:

Es sind	leptoprosop-leptostaphylin	5.9 %
	mesoprosop-mesostaphylin	10.8 %
	chamaeprosop-brachystaphylin	18.4 %
Es zeigt sich	Korrelation in	35.1 %

---

[1]) Anatomischer Anzeiger. Jena 1886.

Es ergibt sich aus Obigem, dass das Gesetz der Korrelation nur in einer geringen Prozentzahl der Schädel zum Ausdruck kommt und müsste man daher nach Kollmann die weitaus grösste Anzahl derselben als Mischformen beanspruchen. Am deutlichsten zeigt sich die Korrelation noch für die Nase. Bekanntlich hat auch Török ein gleiches gefunden und ist daher geneigt, nur für diesen Gesichtsteil das Korrelationsgesetz gelten zu lassen.

Noch viel weniger zu Gunsten der Kollmann'schen Theorie sprechen meine Resultate, wenn ich alle Gesichtsteile mit einander kombiniere, wie dies in folgender Zusammenstellung geschehen ist.

Leptoprosopie kombinirt sich

5	mal	mit	Hypsikonchie,	Leptorrhinie,	Leptostaphylinie	= 2.1 %
1	„	„	„	„	Mesostaphylinie	= 0.4 %
3	„	„	„	„	Brachystaphylin.	= 1.3 %
3	„	„	„	Mesorrhinie,	Leptostaphylinie	= 1.3 %
1	„	„	„	„	Mesostaphylinie	= 0.4 %
3	„	„	„	Platyrrhinie,	Leptostaphylinie	= 1.3 %
1	„	„	„	„	Mesostaphylinie	= 0.4 %
2	„	„	Mesokonchie,	Leptorrhinie,	Leptostaphylinie	= 0.8 %
1	„	„	Chamaekonchie,	„	„	= 0.4 %
1	„	„	„	„	Mesostaphylinie	= 0.4 %

Mesoprosopie kombinirt sich

22	mal	mit	Hypsikonchie,	Leptorrhinie,	Leptostaphylinie	= 9.3 %
7	„	„	„	„	Mesostaphylinie	= 2.9 %
11	„	„	„	„	Brachystaphylin.	= 4.6 %
13	„	„	„	Mesorrhinie,	Leptostaphylinie	= 5.5 %
6	„	„	„	„	Mesostaphylinie	= 2.5 %
5	„	„	„	„	Brachystaphylin.	= 2.1 %
3	„	„	„	Platyrrhinie,	Leptostaphylinie	= 1.3 %
2	„	„	„	„	Mesostaphylinie	= 0.8 %
1	„	„	„	„	Brachystaphylin.	= 0.4 %
8	„	„	Mesokonchie,	Leptorrhinie,	Leptostaphylinie	= 3.4 %
3	„	„	„	„	Mesostaphylinie	= 1.3 %
2	„	„	„	„	Brachystaphylin.	= 0.8 %

Mesoprosopie kombinirt sich

4	mal	mit	Mesokonchie,	Mesorrhinie,	Leptostaphylinie	= 1.7 %
2	„	„	„	„	Mesostaphylinie	= 0.8 %
1	„	„	„	„	Brachystaphylin.	= 0.4 %
2	„	„	„	Platyrrhinie,	Leptostaphylinie	= 0.8 %
2	„	„	„	„	Mesostaphylinie	= 0.8 %
2	„	„	„	„	Brachystaphylin.	= 0.8 %
1	„	„	Chamaekonch.	Leptorrhinie,	Leptostaphylinie	= 0.4 %
1	„	„	„	„	Mesostaphylinie	= 0.4 %
2	„	„	„	Mesorrhinie,	Leptostaphylinie	= 0.8 %
3	„	„	„	„	Mesostaphylinie	= 1.3 %
1	„	„	„	„	Brachystaphylin.	= 0.4 %
1	„	„	„	Platyrrhinie,	Leptostaphylinie	= 0.4 %

Chamaeprosopie kombinirt sich

7	mal	mit	Hypsikonch.,	Leptorrhinie,	Leptostaphylinie	= 2.9 %
6	„	„	„	„	Mesostaphylinie	= 2.5 %
7	„	„	„	„	Brachystaphylin.	= 2.9 %
3	„	„	„	Mesorrhinie,	Leptostaphylinie	= 1.3 %
3	„	„	„	„	Mesostaphylinie	= 1.3 %
12	„	„	„	„	Brachystaphylin.	= 5.1 %
5	„	„	„	Platyrrhinie,	Leptostaphylinie	= 2.1 %
2	„	„	„	„	Mesostaphylinie	= 0.8 %
11	„	„	„	„	Brachystaphylin.	= 4.6 %
1	„	„	„	Hyperplatyrrh.,	Mesostaphylinie	= 0.4 %
1	„	„	„	„	Brachystaphylin.	= 0.4 %
8	„	„	Mesokonchie,	Leptorrhinie,	Leptostaphylinie	= 3.7 %
1	„	„	„	„	Mesostaphylinie	= 0.4 %
2	„	„	„	„	Brachystaphylin.	= 0.8 %
4	„	„	„	Mesorrhinie,	Leptostaphylinie	= 1.7 %
3	„	„	„	„	Mesostaphylinie	= 1.3 %
4	„	„	„	„	Brachystaphylin.	= 1.7 %
7	„	„	„	Platyrrhinie,	Leptostaphylinie	= 2.9 %
2	„	„	„	„	Mesostaphylinie	= 0.8 %
4	„	„	„	„	Brachystaphylin.	= 1.7 %
2	„	„	„	Hyperplatyrrh.,	Leptostaphylin.	= 0.8 %

Chamaeprosopie kombinirt sich

2 mal	mit	Chamaekonch.,	Leptorrhinie,	Leptostaphylinie	=	0.8 %
1	„	„	„	Mesostaphylinie	=	0.4 %
2	„	„	Mesorrhinie,	Leptostaphylinie	=	0.8 %
1	„	„	„	Mesostaphylinie	=	0.4 %
5	„	„	Platyrrhinie,	Leptostaphylinie	=	2.1 %
1	„	„	„	Mesostaphylinie	=	0.4 %
1	„	„	„	Brachystaphylinie	=	0.4 %
1	„	„	Hyperplatyrrh.,	Leptostaphylinie	=	0.4 %
2	„	„	„	Brachystaphylinie	=	0.8 %

Es befinden sich in Obigem 64 Kombinationen und es ist nicht daran zu zweifeln, dass bei noch grösserem Material sich die Anzahl der Kombinationen noch wesentlich vergrössern würde.

Der bessern Uebersicht halber stelle ich noch diejenigen Kombinationen zusammen, die bei mindestens 10 Schädeln vorkommen.

Mesoprosopie kombinirt sich

22 mal	mit	Hypsikonchie,	Leptorrhinie,	Leptostaphylinie	=	9.3 %
11	„	„	„	Brachystaphylinie	=	4.6 %
13	„	„	Mesorrhinie,	Leptostaphylinie	=	5.5 %

Chamaeprosopie kombinirt sich

12 mal	mit	Hypsikonchie,	Mesorrhinie,	Brachystaphylinie	=	5.1 %
11	„	„	Platyrrhinie,	„	=	4.6 %

Die korrelirenden Fälle nach Kollmann kommen in folgender Häufigkeit vor:

Leptoprosopie kombinirt sich

5 mal mit Hypsikonchie, Leptorrhinie, Leptostaphylinie = 2.1 %

Mesoprosopie kombinirt sich

2 mal mit Mesokonchie, Mesorrhinie, Mesostaphylinie = 0.8 %

Chamaeprosopie kombinirt sich

3 mal mit Chamaekonchie, Platyrrhinie (inkl. Hyperpl.), Brachystaphylinie = 1.2 %

Korrelation findet sich bei 4.1 %

4. Norma occipitalis.

Die Konturform lässt sich zerlegt denken in ein Quadrat, dem man ein flaches gleichschenkliges Dreieck auflegt. Daneben kommen aber häufig Abweichungen von dieser Grundform vor. Sehr oft gehen die beiden Senkrechten des Quadrates ein wenig nach oben auseinander. Dazu kommt noch, dass den Seiten des Quadrates oder Trapezes flache Kreisabschnitte aufgelegt sind; auch unten kann dies der Fall sein. So erhält der Schädel dann eine fast kreisförmige Hinteransicht. Selten sieht man die Pfeilnaht auf einer kammartigen Erhebung verlaufen, ebenso selten oder noch seltener ist das Auftreten einer Rinne an dieser Stelle. Die genaueren Verhältnisse zwischen Höhe und Breite kommen im Breitenhöhen-Index schön zum Ausdruck. Man würde, die Schädel rein kranioscopisch betrachtet, hier keine so grossen Schwankungen erwarten, wie sie die Messung ergibt. Dem Maximum von 108 steht ein Minimum von 77 gegenüber; die engern Grenzen sind 83 und 93. Die Mittelzahl 88.5 liegt genau in der Mitte aller Fälle. Die überwiegende Mehrzahl der Schädel (204) ist chamaecephal; 43 sind orthocephal und nur 5 hypsicephal.[1]) Die Oberschuppe des Hinterhauptbeines zeichnet sich meist durch grosse Breitenentwicklung aus. Ein diesbezüglich genommenes Mass, Hinterhauptsbreite, schwankt zwischen 96 mm und 124 mm. Die meisten Vertreter fallen zwischen 105 mm und 118 mm (Mittel = 111.1 mm). Die Höhe der Oberschuppe ist ziemlich schwankend, doch nie besonders bedeutend. Der Winkel an der Spitze beträgt überall mindestens 90°, in den meisten Fällen weit mehr. Die Knochenleisten sind im Allgemeinen schwach ausgebildet; oft sieht man kaum eine Spur davon. Nur selten ist ein Torus occipitalis vorhanden, der sich bis zu den Asterien verfolgen lässt (Nr. 170, 179). Auch deutliche Hinterhauptshöcker sind selten, die teils kleine flache Kegel bilden, teils lappenartig nach unten umgeschlagen sind.

Eine vollständige Sutura transversa ossis occipitis fand sich nirgends, dagegen traten hie und da kleine, etwa 1 bis 3 cm lange Anfänge einer solchen auf (22 mal = 29.7 %). Die

---

[1]) Hier ist wohl darauf zu achten, dass man es mit Breitenhöhen und nicht mit Längenhöhen-Index zu tun hat.

Lambdanaht ist im Allgemeinen ziemlich reich gezackt, wie dies auch für die übrigen Nähte erwähnt wurde.

Was die Schaltknochen anbetrifft, so fanden sich dieselben in der Lambdanaht 30 mal = 40.5 %, sowohl einzeln, als in Mehrzahl.

Worm'sche Knochen in der hintern Fontanelle habe ich 6 gezählt (8.1 %).

Eine Abspaltung vom Occipitale des Hinterhauptsbeines oder ein Praeinterparietale unicum, wie es H. Stieda abbildet[1]), kam 4 mal vor (5.4 %). Einmal war darüber noch ein kleinerer Worm'scher Knochen gelagert.

5. Norma basilaris.

Von unten gesehen erscheinen die Schädel sehr breit. Die Entfernung der beiden in der Mehrzahl eher schwach ausgebildeten Processus mastoidei ist zwar nicht gerade gross zu nennen (sie geht nie über 118 mm hinauf), aber über diesen wölben sich die beiden Schläfen- und Scheitelbeine ziemlich nach aussen, wodurch die grosse Breite entsteht. Das Foramen magnum befindet sich in den meisten Fällen weit hinten, da die Nuchalpartie des Hinterhauptsbeines sehr kurz ist. Die Hinterhauptslänge beträgt im Mittel 49.3 mm und schwankt zwischen einem Minimum von 32 mm und einem Maximum von 67 mm. Hiebei sind allerdings die mesocephalen Typen mit stark entwickeltem Hinterhaupt eingeschlossen.

Die Ebene, in der das Hinterhauptsloch liegt, steigt ein wenig nach vorn an, wenn man den Schädel in die Frankfurter Horizontale einstellt. Seine Form ist gewöhnlich die eines breiten Ovals. Die Achsen der Condylen sind stark nach hinten divergirend, in einem Fall bilden sie sogar einen Winkel von 105°. Die Condylen selbst sind mittelgross und meist ziemlich gewölbt. Die Processus styloidei sind in der Regel schwach entwickelt.

Die Zähne sind fast alle post mortem ausgefallen, nur bei

---

1) Stieda, Herm. Die Anomalien der menschlichen Hinterhauptsschuppe. Wiesbaden 1892, Tafel IV, V, Figur 5 und 6.

einigen Schädeln sind noch mehrere Molaren vorhanden. Sie sind eher klein. Wo sie nicht abgeschliffen sind, zeigen sie stark entwickelte Höcker. Der dritte Molar war sehr oft gar nicht durchgebrochen. Der Gaumen ist in den meisten Fällen mässig bis stark gewölbt, ziemlich lang und mittelbreit, in drei Fällen ebenso breit wie lang und in drei Fällen breiter als lang. Der Gaumen-Index zeigt sehr grosse Schwankungen. Dem Minimum von 58 steht das sehr hohe Maximum von 106 gegenüber, doch geht die grosse Mehrzahl nicht über den Index 87 hinauf, wie auch nicht unter 68 hinab. Das Mittel beträgt 80.0. Auf die drei Gruppen verteilen sich die Schädel folgendermassen:

leptostaphylin	sind	118	Schädel	= 49.2 %
mesostaphylin	„	52	„	= 21.7 %
brachystaphylin	„	70	„	= 29.2 %

In 12 Fällen konnte die Länge des Gaumens nicht gemessen werden, weil sein Hinterrand ausgebrochen war.

Waren für die Davoser Schädel von Scholl die Verhältnisse schon für die Augenhöhlen ganz andere, so sind sie es in gleicher Weise für den Gaumen. ('91, S. 64.) Schon das Mittel zeigt einen Unterschied von fast 15 Einheiten, doch lassen sich hier leider keine genaueren Vergleiche anstellen, da Scholl eine andere Gaumenlänge gemessen hat, als ich.

Ziemlich verschieden ist bei den verschiedenen Schädeln die Beteiligung des Processus palatinus und der beiden Gaumenbeine an der Bildung des harten Gaumens, so dass die Sutura palatina transversa oft ziemlich weit nach vorn, bald wieder sehr weit nach hinten zu liegen kommt.

An dieser Stelle möchte ich noch einiges über das Vorkommen des Torus palatinus (Gaumenwulst) bei den Disentiser Schädeln anfügen. (Siehe Abbild. S. 44.) Zum erstenmal machte Kupfer[1]) auf diese Bildung aufmerksam und hielt sie für ein specifisches Merkmal preussischer Schädel. Erst neuere genauere

[1]) Kupfer. Abgüsse von Gaumen preussischer Schädel; in Verhandlungen der Berliner anthropolog. Gesellschaft. 1879. S. 70 und 71.

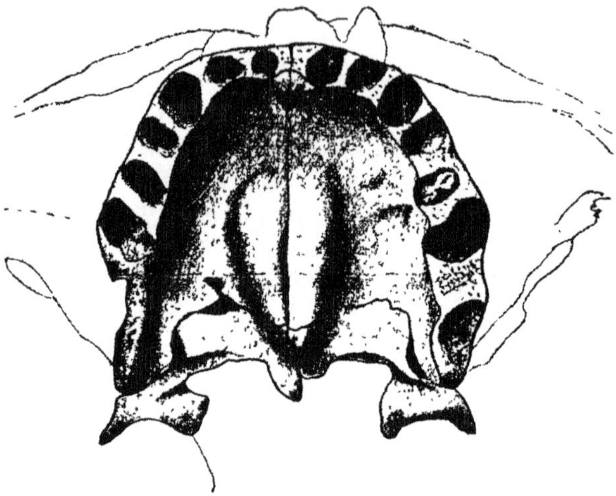

Torus palatinus. (Disentis Nr. 92)

Untersuchungen von L. Stieda[1]) brachten Licht in die Frage. Stieda kommt dabei zu folgenden Resultaten:

1. Der Gaumenwulst (Torus palatinus) ist kein Kennzeichen preussischer Schädel.
2. Der Gaumenwulst kommt -- soweit die jetzigen Untersuchungen reichen — an den Schädeln aller Völker und Rassen vor.
3. Der Gaumenwulst kommt nicht bei allen Rassen in derselben Häufigkeit vor. Am häufigsten ist der Wulst bei Peruanern und bei Ainos, am seltensten bei Negern.

Seine Häufigkeit ist bei den verschiedenen Völkern folgende:

Ostpreussen	504	Schädeln	177	mal	= 35.1 %
Franzosen	195	„	68	„	= 34.8 %
Nordamerikaner	93	„	41	„	= 44.0 %
Peruaner	229	„	129	„	= 56.3 %
Südafrikaner	227	„	43	„	= 18.9 %

Bei den 78 Disentisern kam er deutlich sichtbar vor in 35 Fällen, was einer Prozentzahl von 44.9 entspricht.

---

[1]) Stieda, L. Der Gaumenwulst (Torus palatinus). Ein Beitrag zur Anatomie des knöchernen Gaumens. Internationale Beiträge zur wissenschaftlichen Medicin. Bd. I.

Ich unterschied dabei 4 Gruppen von Torusbildung:

1. bis zur Spina nas. post reichend	flach	4 mal	=	5.1 %
2. „ „ „ „ „ „	spindelförm.	5 „	=	6.4 %
3. nicht bis zur Spina nas. post reichend	flach	11 „	=	14.1 %
4. „ „ „ „ „ „ „	spindelförm.	15 „	=	19.2 %

Natürlich kamen dabei Fälle vor, bei denen schwer zu bestimmen war, zu welcher Gruppe man sie zählen sollte. Die Länge und Breite des Wulstes waren sehr variabel, wie auch die Lage desselben. Ich konnte solche mit 42 mm Länge messen fand aber auch wieder solche, die nur 17 mm lang waren und doch eine beträchtliche Höhe besassen. Die Breite stieg bis auf 21 mm, daneben fanden sich wieder ganz schmale. Auch die Höhe war sehr verschieden. Der Anfang des Torus palatinus fand sich oft am Foramen incisivum und reichte weit zurück, oder er verschwand bald wieder. In andern Fällen begann er sehr weit hinten und verlief deutlich bis zur Spina nasalis posterior oder hörte auch vor derselben wieder auf. Auch asymmetrische und schief verlaufende Gaumenwülste kamen vor; bei einem Schädel (Nr. 180) beginnt er etwa 1 Centimeter hinter dem Foramen incisivum auf dem rechten Processus palatinus verläuft zuerst nur auf diesem, tritt dann allmählig auch auf den andern über und endigt in einem hohen schmalen Kamm, der ganz auf dem linken Gaumenbein liegt. Oder es konnte vorkommen, dass der Gaumenwulst auf den beiden Gaumenhälften ganz ungleich lang war. Ferner fand ich noch einen Schädel, bei dem der Torus vom Foramen incisivum bis zur Spina nasalis post. ganz auf der linken Gaumenhälfte verlief. Er war schmal aber ziemlich hoch und fiel senkrecht zur Sutura palatina mediana ab. Auf der rechten Hälfte der Spina fand sich nur noch eine kleine Andeutung davon.

Ueber die Sutura palatina tranversa schreibt Stieda (S. 6) folgendes: „Die genannte Naht erscheint selten in der Form einer genau horizontal (quer) hinziehenden Linie, sondern hat gewöhnlich in der Mitte einen nach vorn vorspringenden Teil, einen Vorsprung oder eine Wölbung. Selten ist zu beobachten, dass die Naht nicht nach vorn, sondern nach hinten vorspringt.“

Bei den Disentisern war dieses Verhältnis nicht ganz so ausgeprägt, obwohl auch hier die meisten Quernähte einen mittleren Vorsprung zeigten. Die Sutura palatina transversa war

nach vorn vorspringend	31 mal	=	40.8 %
quer oder horizontal	26 „	=	34.2 %
nach hinten vorspringend	19 „	=	25.0 %

In 2 Fällen war sie verwachsen.

Ich gebe hier noch eine **Zusammenfassung** der typischen Eigenschaften meiner brachycephalen Schädel aus dem Kreise Disentis.

Die Disentiser Schädel zeichnen sich aus durch geringe absolute Länge (Mittel 173.5 mm), aber bedeutende absolute Breite, (Mittel 148.0 mm) Das Mittel des Längenbreiten-Index beträgt 85.4. 93.6 % (brachycephal) haben einen Index von 80 und über 80. Einen Index über 85.0 haben 53.1 % (hyperbrachycephal).

Die meisten Schädel haben kugelige Form oder die eines Kubus mit abgerundeten Ecken (wenn die Parietalhöcker stark ausgebildet sind), da auch die Höhe eine recht beträchtliche ist (Mittel 131.5 mm). Daraus folgt der grosse Längenhöhen-Index von 75.5 im Mittel, (55.1 % haben mehr als 75.0, sind also hypsicephal).

Die Capacität der Schädel erreicht nicht gerade besonders hohe Werte, hat aber doch ein Mittel von 1409 ccm (Männer 1429 ccm, Weiber 1333 ccm).

Die Stirn ist meist steil ansteigend und biegt gewöhnlich scharf zum Scheitel um. Sie ist hoch (das Mittel des Frontalbogens beträgt 128.1 mm) und zeigt deutlich ausgebildete Stirnhöcker.

Der Scheitel ist flach; darauf folgt eine scharfe Knickung und ein steiler, fast senkrechter Abfall des Hinterhauptes bis zum Inion. Hier erfolgt wiederum eine sehr scharfe, beinahe rechtwinklige Knickung. Die Nuchalpartie des Hinterhauptsbeines ist sehr kurz. Die Hinterhauptslänge beträgt im Mittel 49.3 mm.

Die Schläfenschuppe ist sehr schwach entwickelt.

Nur selten ist eine längere. deutliche Linea temporalis zu sehen, meist nur bis zur Kranznaht; sie verläuft dann gewöhnlich ziemlich hoch.

Von vorn betrachtet, zeigen die Schädel eine ziemlich geringe kleinste Stirnbreite (im Mittel 98.6 mm): von hier an folgt eine sehr schnelle und starke Verbreiterung des Stirnbeines nach hinten. Der Frontal-Index beträgt im Mittel 77.6: in einzelnen Fällen geht er bis 66. Besonders schmal aber erscheint die Stirn im Verhältnis zur grössten Schädelbreite; die letztere kann oft fast das Doppelte von jener betragen. Der transversale Frontoparietal-Index geht bis 55 hinunter und hat ein Mittel von 66.4.

In der Norma verticalis betrachtet, zeigt der Schädel die Form eines kurzen Ovals, dessen hinterer Pol mässig abgerundet ist und dessen vorderes, schmales Ende durch eine gerade oder wenig gebogene Linie abgeschlossen wird. Manchmal nähert sich das Oval sehr einem Kreis. Der Scheitel ist ziemlich flach oder gegen die Sagittalnaht hin sanft gewölbt, doch verflacht sich diese Wölbung nach hinten wieder.

Die Schädel sind meist kryptozyg.

Von hinten gesehen, sind die meisten Schädel annähernd kreisförmig, mit unten abgeschnittenem Kreissegment. Der Breitenhöhen-Index beträgt im Mittel 88.5. In zwei Fällen ist die Höhe grösser als die Breite. Die Parietalhöcker sind gut ausgebildet, liegen weit hinten und hoch.

Der vertikal gerichtete Teil des Hinterhauptsbeines ist mässig hoch und ziemlich breit. (Das Mittel der Hinterhauptsbreite ist 111.1 mm, das Minimum 96 mm, das Maximum 124 mm.)

Das Gesicht (ohne Unterkiefer) ist weder stark in die Breite noch stark in die Höhe entwickelt, doch scheint es eher niedrig zu sein. Sein mittlerer Index ist 50.1[1]). (Bis 49.9 sind 46.4 %; von 50.0 bis 54.9 sind 44.8 %; über 55.0 sind 8.8 %). Die Jochbogenbreite beträgt 130.8 mm im Mittel. Die Superciliarbogen sind gar nicht oder nur schwach ausgebildet und verschwinden bald nach aussen.

---

1) Vergl. Bemerkung auf S. 33.

Die Augen sind hoch (Orbital-Index 87.3 im Mittel) und nach aussen ziemlich abwärts geneigt.

Die Nase ist mittellang bis lang. (Index 48.3.)

Das Nasion liegt gewöhnlich hoch.

Die beiden Nasenbeine sind im allgemeinen schmal und ziemlich stark aufgerichtet.

Der Gaumen ist mässig gewölbt, ziemlich lang und mittelbreit. (Index 80.0 im Mittel.)

Die Disentiser Schädel sind orthognath mit Neigung zur Hyperorthognathie. (Profilwinkel 89.2°, Mittelgesichtswinkel 90.3°.) Nur die Alveolarpartie des Oberkiefers ist teils prognath, teils orthognath mit Neigung zur Prognathie. (Alveolarwinkel 83.1°.)

Hinsichtlich der hier beschriebenen Formverhältnisse der Schädel verweise ich auf die beigegebenen Umrisszeichnungen. Ausserdem habe ich noch versucht, durch Anwendung der Rieger schen Methode einen genaueren Einblick in die Configuration des Disentis-Schädels zu geben.

Tafel I. Zur bildlichen Darstellung wählte ich einen männlichen Schädel aus Danis (Nr. 143), der ziemlich genau den Typus der Disentiser darstellt. Er zeigt allerdings leichte Phänozygie, doch wird es kaum möglich sein, einen Schädel zu finden, der genau sämtlichen Mittelzahlen und Mittelformverhältnissen einer grösseren Reihe entsprechen wird. Der dargestellte Schädel zeigt Kryptoprosopie mit partieller Phaenorrhinie.

Er wurde mittelst des Lucae'schen Zeichenapparates, d. h. dessen Modifikation, dem Dioptrographen von P. Hermann, Zürich, auf geometrische Weise in natürlicher Grösse gezeichnet; hierauf führte ich die so gewonnenen Zeichnungen so weit aus, dass die Reliefverhältnisse hervortraten, worauf sie noch auf photographischem Wege auf 1/3 natürlicher Grösse reduzirt wurden.

Schädelkurven auf Tafel II bis IV. Ich schliesse mich hiebei an die Aufnahmen von Sarasin[1]) an. Die Zeichnungen

---

[1]) Sarasin, P. und Fr. Ergebnisse naturwissenschaftlicher Forschungen auf Ceylon in den Jahren 1884—1886. Wiesbaden 1893. Bd. III, S. 181 uff.

wurden ausgeführt mit dem Rieger'schen Projektion und Coordinaten-Apparat für geometrische Aufnahmen von Schädeln. Die Kurven sind in natürlicher Grösse. Als Orientierungsebene für den Schädel diente die Frankfurter Horizontalebene. Als Bestimmungspunkte derselben wählte ich die tiefsten Punkte der beiden untern Augenhöhlenränder und den Punkt über der Mitte der linken Ohröffnung auf dem Rande des knöchernen Gehörganges. Der entsprechende Punkt auf der rechten Seite fiel ganz wenig ausserhalb diese Ebene.

Ich habe drei Systeme von Kurven aufgenommen.

1. **Horizontalkurven,** der Frankfurter Ebene parallel.
   a) Die Frankfurter Orientierungslienie selber; Basalkurve. (————).
   b) Die zweite Horizontalkurve, der ersten parallel, durch die Mitte der Höhe der Augenhöhlenlichtung; Augenmittenhorizontale (— · — · — · —).
   c) Die dritte Horizontalkurve durch den höchsten Punkt des linken Augenhöhlenrandes (resp. beider, bei ganz symmetrischen Schädeln; Gabellarhorizontale (— — — — —).
   d) Die Lage der vierten Horizontalkurve wurde bestimmt durch die Mitte der senkrechten Distanz zwischen Glabellarhorizontale und höchstem Punkt des Schädels. Scheitelkurve (· · · · · · · · ·).

Die Gerade c—c soll die Sagittale des Schädels bezeichnen. b—b, darauf senkrecht, geht durch den oberen linken Ohrrandpunkt; der rechte liegt 1 mm davon entfernt. d—d bezeichnet die Mitte zwischen den in sagittaler Richtung am weitesten von einander entfernten Punkten der dargestellten Horizontalkurven.

2. **Sagittalkurven.** Da mein Schädel fast genau symmetrisch war, liess sich diese Orientierungsebene bestimmen durch folgende drei Punkte: Nasion (Mitte), Bregma und Lambda.
   a) Die Mediansagittale durch obige drei Punkte (————).
   b) Die Augenmittensagittale, parallel zur ersten durch die Mitte der queren Augenlichtung (— · — · —).

c) Die Augenrandsagittale, durch den äusseren Augenhöhlenrand (— — — — —).

Die Gerade a—a zeigt die Lage der Frankfurter Orientierungsebene an. b—b, darauf senkrecht, bedeutet die von einem oberen Ohrrande zum andern ziehende Querebene des Schädels und die punktirte d—d die Mitte zwischen den am weitesten von einander abstehenden Punkten der Mediansagittalen.

3. **Frontalkurven.** Der Schädel wurde, auf dem Occipitale ruhend, so eingestellt, dass Frankfurter- und Sagittal-Ebene vertical standen.

a) Die erste Kurve geht durch die Mitte der beiden knöchernen Gehörgänge. Ohrfrontale (————).

b) Die zweite, vordere Frontalebene, geht durch die Mitte der senkrechten Entfernung der Ohrfrontalen vom höchsten Punkte des Schädels. (— · — · — · —)

c) Die dritte, hintere Frontalebene (— — — —) geht durch die Mitte der senkrechten Entfernung der Ohrfrontalen vom hintersten Punkte des Occiput.

Die Gerade a—a zeigt die Lage der Frankfurter Orientirungsebene (sie geht nicht genau durch den oberen rechten Ohrrandpunkt, sondern 1 mm unter demselben durch). c—c bedeutet die mediane Sagittalebene des Schädels.

Die kleinen Kreuzchen in den Kurven bezeichnen die Stellen, wo sie durch Nähte geschnitten werden.

Der besseren Uebersicht halber stelle ich hier noch einmal die Hauptmasse zusammen, die ich bei meinen Schädeln fand.

Dabei ist zu bemerken, dass die Mesocephalen mit einbezogen sind und hie und da das Minimum oder Maximum stark hinab resp. hinauf drücken. Für den Typus ist nur die Typus-Variation in Betracht zu ziehen.

Die Hauptmasse der Disentiser Schädel.

Masse und Indices	Mittel	Typus-Variation	Minimum	Maximum
Grosste Länge	135.5 mm	163—183 mm in 88.5 %	153 mm	199 mm
„ Breite	148.1 „	139—159 „ „ 93.7 %	131 „	162 „
„ Höhe	131.5 „	121—140 „ „ 91.3 %	116 „	156 „
Längenbreiten-Index	85.4	79— 91 „ „ 93.2 %	75.3	95.6
Längenhöhen- „	75.5	70— 80 „ „ 91.2 %	66.3	87.9
Breitenhöhen- „	88.5	80— 95 „ „ 93.2 %	77.5	108.9
Capacität	1409 ccm	1170—1750 ccm „ 98 7 %	1179 ccm	1760 ccm
Horizontalumfang	512.9 mm	488—528 mm „ 82.4 %	449 mm	561 mm
Vertical. Querumfang	325.9 „	305—344 „ „ 91.2 %	292 „	368 „
Sagittalumfang	360.7 „	339—380 „ „ 90.8 %	316 „	412 „
Frontalbogen	128.1 „	118—140 „ „ 89.9 %	112 „	150 „
Parietalbogen	119.9 „	108—135 „ „ 91.6 %	97 „	151 „
Occipitalbogen	112.7 „	100—125 „ „ 92.4 %	99 „	135 „
Kleinste Stirnbreite	98.6 „	89—108 „ „ 95.3 %	83 „	111 „
Jochbogenbreite	130.8 „	118—142 „ „ 93.6 %	102 „	149 „
Obergesichtshöhe	65.5 „	56— 74 „ „ 93.6 %	50 „	80 „
Orbitalbreite	37.8 „	34— 43 „ „ 97.6 %	31 „	43 „
Orbitalhöhe	32.9 „	29— 37 „ „ 98.4 %	27 „	38 „
Nasenbreite	23.7 „	19— 28 „ „ 97.6 %	15 „	31 „
Nasenhöhe	49.2 „	43— 56 „ „ 95.2 %	35 „	67 „
Gaumenlänge	44.0 „	37— 51 „ „ 96.6 %	32 „	55 „
Gaumenbreite	35.0 „	28— 42 „ „ 95.8 %	25 „	45 „
Schädelbasislänge	96.2 „	88—105 „ „ 94.4 %	84 „	109 „
Schädelbasisbreite	105.5 „	94—116 „ „ 94 9 %	86 „	118 „
Breite über den Gehörgängen	125.1 „	115—137 „ „ 92.7 %	101 „	142 „
Hinterhauptslänge	49.3 „	39— 60 „ „ 94.7 %	32 „	67 „
Hinterhauptsbreite	111.1 „	100—119 „ „ 96.5 %	96 „	124 „
Ohrhöhe proj.	116.4 „	107—126 „ „ 94.9 %	101 „	139 „
Länge des Foramen magnum	34.3 „	30— 38 „ „ 94.4 %	27 „	41 „
Obergesichts-Index	50.1	45— 55 „ 90.0 %	40.7 [1]	59.4
Orbital-Index	87.3	82— 94 „ 77.2 %	73.2	106.3
Nasen-Index	48.3	42— 54 „ 85.6 %	32.6	61.7
Gaumen-Index	80.0	68— 87 „ 77.1 %	58.3	100.0
Ohrhöhen-Index	67.2	62— 72 „ 92.4 %	55.5	78.8
Cranio-facial-Index	88.1	80— 95 „ 95.6 %	75.2	100.0
Index fronto-zygomaticus	74.6	67— 80 „ 92.0 %	62.7	84.8
Frontal-Index	77.6	71— 84 „ 95.6 %	66.1	89.4
Transversaler Fronto-parietal-Index	66.4	60— 72 „ 95.6 %	56.0	76.9
Sagittaler Fronto-parietal-Index	93.5	84—104 „ 83.1 %	77.3	111.6
Ganzer Profilwinkel	89.2°	84°— 96° „ 100 %	84°	96°

[1]) Bei diesem Schädel findet sich starker Schwund der oberen Alveolarpartie, deshalb der niedere Index.

Die 4 mesocephalen Daniser.

Ich lasse hier noch eine kurze Beschreibung der 4 männlichen mesocephalen Schädel aus Danis folgen, die ich genauer bearbeiten konnte und die in obiger descriptiven Charakteristik der Disentiser weggelassen wurden, weil sie für sich einen von den übrigen Disentisern verschiedenen wohlumschriebenen Typus darstellen.

Der Capacität nach verteilen sie sich regelmässig unter die andern, doch kommt gerade die grösste gefundene Capacität einem mesocephalen Schädel zu. (Nr. 164 = 1230 ccm, Nr. 148 = 1415 ccm, Nr. 188 = 1430 ccm und Nr. 180 = 1760 ccm.) Das Mittel, 1457 ccm, hat natürlich bei der kleinen Anzahl der untersuchten Objekte wenig Wert.

Der Horizontalumfang ist bei allen ziemlich gross, 503 mm bis 553 mm. Der Querumfang ist dagegen bedeutend kleiner und selbst Nr. 180 mit der grössten Capacität erreicht nur einen solchen von 340 mm, bleibt also um 28 mm unter dem Maximum.

Sämtliche 4 Schädel weisen eine bedeutende Länge auf, 179 mm bis 199 mm. Die Breite bleibt nur wenig unter der Mitte der Brachycephalen; einer erreicht 150 mm. Es ist also eher der beträchtlichen Länge als der geringen Breite zuzuschreiben, dass man es hier mit mesocephalen Schädeln zu tun hat.

Der Längenbreiten-Index ist bei dreien 75, beim vierten 76.06; sie stehen also alle an der untern Grenze der Mesocephalie. Dazu kommt eine nicht unbeträchtliche Höhe von 129 mm bis 142 mm, die allerdings wegen der Länge der Schädel im Längenhöhen-Index nicht gerade besonders zum Ausdruck kommt. Dieser Index schwankt zwischen 71.1 und 73.4, und müssen daher als ortho-mesocephal bezeichnet werden. Verbinde ich damit noch die Gesichtsform, so sind 3 leptoprosop-ortho-mesocephal, aber ganz an der untern Grenze der Leptoprosopie (Obergesichts-Index 55.2 bis 55.9); gibt man dem vierten für kleinen Schwund der oberen Alveolarpartie als Obergesichtshöhe statt gemessener 68 mm 69 mm, so fällt er in die Gruppe der mesoprosop-ortho-mesocephalen.

Norma verticalis. Man kann die 4 Schädel nach Sergi[1]), S. 33, Parallelepipedoides Kurganicus nennen. besonders bei dreien stimmt diese Bezeichnung sehr gut, während der vierte sich nach vorn etwas mehr verjüngt und sich der Form Parallelepipedoides Sardinicus nähert. Hieraus ergibt sich, dass der transversale Fronto-parietal-Index ziemlich gross werden muss. Er geht auch wirklich nur bei einem, Nr. 180, bis 66.0 hinunter und steigt bis auf 76.9. Ebenso ist der Frontal-Index sehr beträchtlich und nur Nr. 180 geht mit 76.1 unter das Mittel der Brachycephalen, 77.6, während die anderen drei als kleinsten Frontal-Index 84.1 haben. Drei sind kryptozyg, einer (Nr. 148) stark phänozyg. Der Craniofacial-Index ist sehr gross; er erstreckt sich von 92 bis 100.

Die Stellen der grössten Breite liegen ziemlich tief. Die Parietalhöcker sind bei zweien sichtbar. Die Lineae temporalis verschwinden bei allen schon etwa 2 cm bis 3 cm vor der Coronalnaht.

Norma lateralis. Die Stirn steigt mit Ausnahme des metopischen Schädels weniger steil auf, einer hat sogar fliehende aber doch gewölbte Stirne. Vom Bregma an zieht sich die Profillinie etwa 4 cm fast eben nach hinten, biegt allmählig um, fällt ziemlich sanft ab bis zum Inion, bricht dann scharf ab und senkt sich noch ein wenig, bis das Hinterhauptsloch erreicht ist. Die Nuchalpartie des Hinterhauptbeines ist bei den 4 mesocephalen Schädeln ziemlich lang. Das Nasion liegt verschieden hoch.

Die Parietalbogen sind hier im allgemeinen etwas grösser, als bei den Brachycephalen; auch der Frontalbogen ist ein wenig länger, aber nicht in gleichem Masse. Zweimal übertrifft der Parietalbogen den Frontalbogen an Länge und zweimal ist es umgekehrt. Der sag. Fronto-parietal-Index ist im Mittel 96,8, also ziemlich höher als für die Brachycephalen. Dies stimmt auch mit der Annahme Schwalbe's ('99, S. 191), dass die brachycephale Form günstiger ist für die Beibehaltung des Verhältnisses von F $>$ P (Frontalbogen grösser als Parietalbogen).

---

[1]) Sergi, Giuseppe. Le variata umane. Principi e Metodo di Classificazione. Torino 1893.

Norma frontalis. Die Gesichter sind länger als die der Brachycephalen, drei Schädel sind leptoprosop. Auch Augen und Nase sind ziemlich hoch, drei sind hypsikonch und alle vier sind leptorrhin oder mesorrhin mit Neigung zur Leptorrhinie.

Norma occipitalis. Von hinten gesehen, erscheinen die Schädel ziemlich hoch. Der Breitenhöhen-Index übersteigt bei allen 94; sie sind orthocephal. Die Hinterhauptschuppe ist niedrig. Inion und Linea nuchae sup. sind gut ausgebildet. Die Lambdanaht ist stark gezackt. Schaltknochen finden sich keine.

Norma basilaris. Die Schädel erscheinen mittelbreit. Die Nuchalpartie des Hinterhauptsbeines ist ziemlich lang, deshalb liegt das Hinterhauptsloch nicht so weit hinten, wie bei den brachycephalen Schädeln. Die Hinterhauptslänge schwankt zwischen 46 mm und 63 mm (Mittel 52,5 mm). Das Foramen magnum ist lang und breit. Der Gaumen ist meist ziemlich stark bis stark gewölbt. Drei der Schädel sind mesostaphylin und einer leptostaphylin.

Nach den Massverhältnissen und nach der allgemeinen Form lassen sich obige 4 Schädel am besten in die Gruppe des Sion-Typus von His einreihen. Wie weiter unten ausgeführt wird, hat auch His bei seinen Untersuchungen neben dem Disentis-Typus Sion-Typus im Bündnerland gefunden. Es ist ja auch leicht begreiflich, dass bei der Nähe des geographischen Verbreitungsbezirkes der beiden Typen gelegentlich Penetrationen und Mischungen vorkamen. Immerhin ist der Prozentsatz der von mir im Kreise Disentis gefundenen Sion-Typen ein so geringer, dass von einer irgendwie deutlich bemerkbaren Mischung wohl zu keiner Zeit die Rede sein kann.

C. Vergleich der Disentiser mit andern Bündner Schädeln.

Ehe ich nun auf die wichtigste Frage, den Vergleich meiner Disentiser Schädel mit dem bekannten Disentis-Typus von His eintrete, stelle ich noch kurz die wenigen bis jetzt in der Litteratur vorhandenen Resultate über Graubündner Schädel (anderer Autoren) zusammen. Der erste, der sich mit Schädeln dieser Gegend beschäftigte, ist, so viel ich sehe, K. E. von Baer. Er besuchte im Jahre 1858 die Beinhäuser in Ems und Churwalden und mass an letzterem Orte 5 Schädel, wie auch einen als „Graubündner" bezeichneten der anatomischen Sammlung in Basel. Im Vergleich zu meinen Disentisern stellt sich heraus, dass bei den genannten Schädeln Baer's die Länge ein wenig hinter der der Disentiser zurücksteht, während diese dagegen eine geringere Breite und Höhe zeigen. Daraus folgt ein beträchtlich höherer Längenbreiten- und Längenhöhen-Index für die Churwaldner Schädel. Bezüglich der Masse siehe Tabelle auf Seite 58.

Als Merkmale der Churwaldner, die auch meinen Disentisern zukommen, führt von Baer neben der grossen Kurzköpfigkeit folgendes an:

Das Gesicht ist weder in der Länge, noch in der Breite stark entwickelt.

Die Stirnhöcker sind schwach angedeutet. Das Hinterhaupt ist schwach, die Schläfen dagegen stark gewölbt. Die Hinterhauptsleiste ist schwach entwickelt. Das Foramen magnum liegt sehr zurück. Dagegen findet von Baer bei seinen Schädeln stark entwickelte Augenbrauenbogen, stark vortretende Nase, niedrige und meist zurückliegende Stirn und die Hinterhauptsleisten merklich über der Ebene des Hinterhauptsloches erhoben, welche Eigenschaften den Disentisern nicht oder doch nicht in dem Masse zukommen. Ein Grund für diese Differenzen mag in der Kleinheit von Baer's Material liegen.

Ferner wurde eine kleine Serie von 7 Graubündner Schädeln aus Chur von Hovelacque beschrieben.[1]) Sie befinden sich in

---

[1]) Hovelacque, Crânes des Grisons. Revue mensuelle de l'Ecole d'Anthropologie de Paris 1892, S. 169.

der Sammlung der anthropologischen Gesellschaft in Paris. Leider ist auch diese Gruppe von Schädeln nicht viel grösser als diejenige von Baer, doch stehen diese Masse meinen Resultaten näher. Siehe Tabelle auf Seite 58. Noch mehr ist dies der Fall für die deskriptiven Merkmale, die Hovelacque von seinen Graubündnern erwähnt, nämlich kugelartige Form (forme globuleuse), Kryptozygie, hohe Stirn, sehr wenig vorstehendes Hinterhaupt, Orthognathie und stark gerundete Augenhöhlen.

Die beste bis jetzt über Graubündner Schädel erschienene Arbeit ist die von A. Scholl. Sie betrifft 35 Davoser und 10 Puschlaver Schädel (die 35 aus Saas im Wallis und die 6 aus Savoyen fallen hier ausser Betracht). Da ich bei meiner Beschreibung wiederholt Vergleichungen mit Scholl gemacht habe, kann ich mich hier kurz fassen.

Vergleicht man Scholl's Zahlen mit den meinigen (siehe Tabelle Seite 58), so fällt einem auf den ersten Blick die schöne Uebereinstimmung auf. Die einzigen grösseren Differenzen von Bedeutung finden sich bei Orbital- und Gaumen-Index und eine kleinere beim Nasen-Index. Scholl mass seine Gaumenlänge von der Spitze der Spino nasalis post. zur Innenplatte des Alveolarrandes; ich dagegen liess bei meinen Messungen den hintern Nasenstachel unberücksichtigt. Damit ist der Unterschied für den Gaumen-Index erklärt. Wahrscheinlich lassen sich diejenigen für Orbital- und Nasen-Index auch auf Messdifferenzen zurückführen, da die Angaben der Frankfurter Verständigung besonders auch für die Augenbreite sehr unbestimmt sind. Eine genauere Präzisirung wäre hier umso eher am Platze, als es sich um die Messung kleiner Dimensionen handelt. Eine Messdifferenz von nur 1 mm nach entgegengesetzter Richtung in Breite und Höhe kann einen Unterschied von 3 bis 5 Einheiten im Index zur Folge haben. Wenn Scholl betont, dass seine Davoser Schädel zu den leptoprosopen gehören und ich die Gesichter der Disentiser eher niedrig nenne, hat das seinen Grund darin, dass er nur leptoprosope und chamaeprosope Schädel unterscheidet, während ich noch nach neuerer Einteilung eine Gruppe von Mesoprosopen (Index 50.0 bis 54.9) bilde. Im Mittel decken sich ja beide Resultate. Scholl fand 50.3 und ich 50.1 als Obergesichts-Index. Es stehen also beide an der untern Grenze der Mesoprosopie.

Die allgemeine Schädelform der Davoser und Puschlaver stimmt mit derjenigen der Disentiser überein; von oben ein kurzes, besonders hinten breites Oval: von der Seite meist auffallend kurz und hoch, mit steiler Stirn, die sich in scharfem Bogen zum Scheitelbein wendet. Der Scheitel ist schwach gekrümmt bis zum Bregma und von dort an meist eben. Das Hinterhaupt fällt steil, wenn nicht senkrecht ab. Die Unterschuppe ist relativ kurz. Die Grundform der Norma occipitalis ist ein Fünfeck. Bei der Hälfte ist der Gaumen leidlich gut oder stark gewölbt, bei den andern besitzt er nur mässige Wölbung oder ist flach. Die Nasenform variert stark. Die Nasenwurzel ist schmal und liegt hoch. Die Nasenbeine sind im allgemeinen schmal und gerade. Die Augenhöhlen ähneln einem niedrigen oder mässig hohen Rechteck, dessen Ecken stumpf abgerundet sind. Die Querachsen fallen meist ziemlich stark nach aussen ab. Eine geringe Ausbildung der Superciliarbogen ist die Norm (Scholl). Dies sind alles Merkmale, die auch für die Disentiser Schädel charakteristisch sind. Dass daneben allerlei kleinere Abweichungen vorkommen, ist selbstverständlich.

Der Vollständigkeit halber muss ich an dieser Stelle noch zweier Schädel gedenken, die C. Strauch gemessen und beschrieben hat.[1]) Der eine stammt aus Cierfs im obern Münstertal (Graubünden) und der andere aus Tavetsch (Sedrun) im obern Vorderrheinthal. Der erstere ist ein sehr grosser mächtig entwickelter männlicher Schädel mit starken Muskelleisten, Stirnwülsten und Warzenfortsätzen. Die Nasenwurzel ist schmal, der Nasenrücken hoch. Denjenigen aus Tavetsch nennt Strauch ein sehr gutes Specimen des Disentis-Typus von His und Rütimeyer. Er ist auch mächtig und stark gebaut, sehr hoch und etwas asymmetrisch. Die Nasenöffnung ist schmal, lang; der Nasenrücken sehr hoch. Die Augenhöhlen sind hoch.

Um eine Uebersicht über die craniologischen Verhältnisse Graubündens zu ermöglichen, gebe ich hier noch die Mittelzahlen sämtlicher bis jetzt gemessenen Bündnerschädel, die mir bekannt geworden sind.

---

[1]) C. Strauch. Ueber brachycephale Schädel aus Tirol, der Schweiz und Nord-Italien. Zeitschrift für Ethnologie. Berlin 1900. XXXII. Jahrg. S. 229 u. ff.

Mittelzahlen der bis jetzt untersuchten Graubündner Schädel.

Masse und Indices	Disentiser 252 Wettstein	Davoser 34 Scholl	Puschlaver 9 Scholl	Grisons 7 Hovelacque	Graubündner 6 His	Graubündner 6 v. Baer	Graubündner 2 Strauch
Länge	173.5 mm	172.5 mm	171.0 mm	173.0 mm	171.8 mm	168.9 mm	183.5 mm
Breite	148.1 ,,	147 2 ,,	147.0 ,,	147.0 ,,	145.8 ,,	153.4 ,,	159.0 ,,
Hohe	131.5 ,,	131.4 ,,	128.0 ,,	130.0 ,,	139.0 ,,	138.2 ,,	146.0 ,,
Längenbreiten-Index	85.4	85.5	86.0	84.5	84.9	90.8	86.6
Längenhöhen-Index	75.5	76.2	74.6	77.0	80.9	81.8	79 9
Breitenhöhen-Index	88.5	89.4	86.8	91.0	95.4	90.1	92.1
Capacität	1409 ccm	1397 ccm	—	—	1347 ccm	—	1815 ccm
Horizontalumfang	512.9 mm	510.2 mm	509.0 mm	—	505.8 mm	516.9 mm	544.5 mm
Verticaler Querumfang	325.9 ,,	—	—	—	339.1 ,,	349.8 ,,	—
Sagittalumfang	360.7 ,,	—	—	—	361.3 ,,	365.8 ,,	393.5 ,,
Frontalbogen	128.1 ,,	126.0 ,,	123.0 ,,	—	127.5 ,,	127.0 ,,	139.5 ,,
Parietalbogen	119.9 ,,	120.4 ,,	114.3 ,,	—	121.7 ,,	127.0 ,,	136.5 ,,
Occipitalbogen	112.7 ,,	—	—	—	112.5 ,,	111.8 ,,	117.5 ,,
Oberschuppe	—	64.8 ,,	70.7 ,,	—	—	67.3 ,,	—
Unterschuppe	—	49.7 ,,	43.0 ,,	—	49.2 ,,	44.5 ,,	—
Kl. Stirnbreite	98.6 ,,	98.5 ,,	96.6 ,,	—	97.3 ,,	93.2 ,,	110.0 ,,
Jochbogenbreite	130.8 ,,	132.8 ,,	133.8 ,,	—	129.2 ,,	127.8 ,,	144.0 ,,
Schädelbasislänge	96.2 ,,	102.7 ,,	—	—	97.0 ,,	96.9 ,,	—
Breite über den Gehörgängen	125.1 ,,	—	—	—	124.8 ,,	127.3 ,,	—
Länge d. Foramen magnum	34.3 ,,	36.1 ,,	36.3 ,,	—	34.5 ,,	—	34.0 ,,
Breite d. Foramen magnum	—	30.8 ,,	31.7 ,,	—	—	—	31.0 ,,
Nasenhöhe	49.2 ,,	48.2 ,,	50.3 ,,	—	—	—	54.5 ,,
Nasenbreite	23.7 ,,	24.4 ,,	23.2 ,,	—	—	—	23 0 ,,
Orbitalbreite	37.8 ,,	46.1 ,,	41.6 ,,	—	—	—	40.5 ,,
Orbitalhöhe	32.9 ,,	33.0 ,,	35.1 ,,	—	—	—	41 0 ,,
Gaumenlänge	44.0 ,,	49.1 ,,	51.1 ,,	—	—	—	—
Gaumenbreite	35.0 ,,	31.1 ,,	32.1 ,,	—	—	—	—
Obergesichts-Index	50.1	50.3	52 5	—	—	—	—
Nasen-Index	48.3	51.0	46.4	50.0	—	—	40 3
Orbital-Index	87.3	78.7	84.5	89.9	—	—	—
Gaumen-Index	80.0	65.3	63.0	76.5	—	—	—

Bezüglich der Masse von His und Scholl siehe S. 60 u. 56.

Bei Hovelacque finden sich nur die Indices; die direkten Masse entnahm ich der Crania ethnica von Quatrefages et Hamy, S. 491.

Die Mittel für die 6 Graubündner von His sind aus den Zahlen der Crania helvetica berechnet.

v. Baer misst nicht die Breite über den Gehörgängen, sondern die Entfernung zweier Punkte in der Höhe der Mittel-Punkte beider Ohröffnungen. Auch der verticale Querumfang ist von diesen Punkten aus gemessen.

Bei Strauch bezieht sich die Jochbogenbreite nur auf den Schädel von Cierfs: bei dem aus Tavetsch fehlen beiderseits die Jochbogen.

Es erscheint mir nun als Hauptaufgabe meiner Untersuchungen, klar zu legen, wie sich meine aus dem Kreise Disentis stammenden Schädel zu dem von His aufgestellten und in grosser Verbreitung nachgewiesenen Disentis-Typus verhalten.

Ich muss zunächst vorausschicken, dass His selbst in Graubünden nur in den Beinhäusern Churwalden, Ems, Disentis und Platta Messungen und Zählungen vornehmen konnte (His, Vortrag 1864) und im Ganzen nur 6 Bündnerschädel genauer gemessen hat (His, Crania helvet., Tabelle des Disentis-Typus), während mir, wie oben erwähnt, die Beinhäuser in Disentis, Sedrun, Platta, Somvix, Surrhein, Truns, Brigels, Dardin und Danis mit im ganzen 252 Schädeln zur Verfügung standen. Es ist daraus ersichtlich, dass ich bei dem viel grösseren Material, das mir vorlag, leichter im Stande war, einen charakteristischen Schädel-Typus der betreffenden geographischen Provinz des obern Vorderrheintales herauszuarbeiten, als dies His mit seinem relativ kleinern Material möglich war. Ich halte es daher für geboten, Punkt für Punkt der His'schen Charakteristik des Disentis-Typus mit meinen an 252 Schädeln gefundenen Resultaten zu vergleichen. Der Uebersichtlichkeit halber stelle ich in der folgenden Tabelle die Mittelwerte des Disentis-Typus und meiner Disentiser Schädel zusammen.

Zu dieser Tabelle muss ich zuerst für folgende Masse eine Bemerkung machen.

His hat für Längen- und Höhenmessungen eine Normalebene angenommen, die durch den vordern Nasenstachel und durch den hintern Rand des Hinterhauptsloches geht. Ebenso

Mittelzahlen des Disentis-Typus (His) und der Disentiser Schädel (Wettstein).

Masse und Indices	Disentis-Typus (His)	Disentiser Schädel (Wettstein)	Differenz
Länge	170.6 mm	173.5 mm	+ 2.9 mm
Breite	147.6 „	148.1 „	+ 0.5 „
Höhe	139.6 „	131.5 „	— 8.1 „
Längenbreiten-Index	86.5	85.4	— 1.1
Längenhöhen-Index	81.8	75.5	— 6.3
Breitenhöhen-Index	94.6	88.5	— 6.1
Capacität	1377 ccm	1409 ccm	+ 32 ccm
Horizontalumfang (Längenumfang[1])	512.7 mm	512.9 mm	+ 0.2 mm
Verticaler Querumfang (Querbogen des Hinterhauptes)	339.0 „	325.9 „	— 13.1 „
Sagittalumfang (Scheitelbogen)	362.4 „	360.7 „	— 1.7 „
Frontalbogen (Stirnbeinlänge)	127.4 „	128.1 „	+ 0.7 „
Parietalbogen (Pfeilnaht)	123.6 „	119.9 „	— 3.7 „
Occipitalbogen (Squama occipitis)	112.8 „	112.7 „	— 0.1 „
Kleinste Stirnbreite (Stirnbreite)	98.3 „	98.6 „	+ 0.3 „
Jochbogenbreite (Wangenbreite)	130.3 „	130.8 „	+ 0.5 „
Schädelbasislänge (Länge der Basis	96.9 „	96.2 „	— 0.7 „
Breite über den Gehörgängen (Breite des Hinterhauptes)	126.6 „	125.1 „	— 1.5 „
Länge des Foramen magnum	34.9 „	34.3 „	— 0.6 „

hat er seine Zeichnungen in der Norma verticalis und lateralis in dieser Horizontalebene ausgeführt, während er für die Norma frontalis und occipitalis eine senkrecht auf dieser Ebene stehende wählte.

Das Längenmass nun hat er jeweilen an den senkrechten Projektionen des Schädels auf diese Horizontalebene (oder auf die ihr parallele Zeichnungsebene) genommen. His glaubt, seine Länge weiche von derjenigen v. Baers (die auch die meinige ist), gar nicht oder so unbedeutend ab, dass die Differenzen vernachlässigt werden können. Doch finde ich, dass seine Länge um einige wenige Millimeter, je nach der Form des Schädels, hinter meiner „grössten Länge“ zurücksteht und so auch die

---

[1]) Ich füge in Klammern die entsprechenden Bezeichnungen von His bei.

2,9 mm, im Längenmittel, die zwischen meinen Ergebnissen und denen von His sich finden, nur auf Messunterschieden beruhen. Das nämliche ist der Fall für die 8.1 mm Differenz in der Höhe. Bei der Höhenmessung setzte His den feststehenden Schenkel seines Stangenzirkels an den hintern Rand des Hinterhauptsloches, die Spitze desselben gegen den vordern Nasenstachel gerichtet und den beweglichen Schenkel stellte er auf die Scheitelhöhe ein. Ich mass meine Schädelhöhe vom Basion aus. Bei den Disentiser Schädeln fällt nun die Ebene des Foramen magnum nicht mit der His'schen Horizontalebene zusammen, sondern bildet einen spitzen Winkel mit ihr, der in den einzelnen Fällen ziemlich wechselt. So kommt mein Basalpunkt höher zu stehen und die Höhe wird kleiner. Aus diesen beiden Längen- und Höhenunterschieden erklärt sich von selbst die Differenz zwischen den His'schen und meinen Schädel-Indices. Der Unterschied bei der Capacität lässt sich ebenfalls vielleicht auf eine technische Verschiedenheit, nämlich eine Differenz des Füllungsmaterials zurückführen.

Sehr verschieden sind auch die für den Querumfang gefundenen Zahlen. His nennt diesen Querumfang Querbogen des Hinterhauptes (gemeint ist der hintere Teil des Schädels und nicht die Hinterhauptsschuppe), und misst ihn mittelst eines Bandes, das über den Scheitel weg die beiden Processus mastoidei in der Höhe der Ohröffnung verbindet. Ich habe meinen Querumfang dagegen, wie das üblich, vom oberen Rande des knöchernen Gehörganges der einen Seite zu dem entsprechenden Punkte der anderen Seite senkrecht zur (Frankfurter) Horizontalen gemessen. Da die Schädel weiter hinten in der Gegeed des His'schen Querbogens im allgemeinen die grössere Breite zeigen, als über der Ohröffnung, wird natürlich bei ihm auch der Querbogen grösser und so erklärt es sich, dass sein Mass im Mittel 13.1 mm grösser ist, als das meinige. Auch die Breite über den Gehörgängen, die ich gemessen habe, ist nicht das gleiche Mass wie die Breite des Hinterhauptes von His. Diese ist bei ihm der gerade Abstand der beiden Endpunkte des Querbogens des Hinterhauptes. Doch sind die Differenzen hier nicht gross.

Die einzige grössere Differenz, die ich nicht durch Verschiedenheiten in der Messmethode erklären kann, findet sich in der Länge der Sagittalnaht. Diejenige von His übersteigt die der Disentiser Schädel um 3.7 mm.

Da aber His mit Recht nicht nur auf die metrischen Werte, sondern auch auf eine genaue Beschreibung der allgemeinen Schädelform Wert gelegt hat, ist es wichtig, auch die descriptiven Merkmale einander gegenüber su stellen.

Disentis-Typus (His)	Disentiser Schädel (Wettstein)
Der auffälligste Charakter des Disentis-Typus besteht, neben seiner Kürze und Breite, in der Abflachung des Hinterhaupts und in dessen beinahe rechtwinkliger Absetzung gegen den Scheitel und gegen die Schädelbasis.	Die Disentiser Schädel zeichnen sich aus durch geringe Länge aber bedeutende Breite. Der Scheitel ist flach; darauf folgt eine scharfe Knickung und ein steiler, fast senkrechter Abfall des Hinterhauptes bis zum Inion. Hier erfolgt wiederum eine sehr scharfe, beinahe rechtwinklige Knickung.
Die Stirn steigt bei den vorzüglicheren Repräsentanten des Disentis-Typus steil, oft beinahe senkrecht an und ihre Ebene bildet mit der Scheitelebene einen Winkel, der nicht viel über einen rechten beträgt.	Die Stirn ist meist steil ansteigend und biegt gewöhnlich scharf zum Scheitel um.
Im übrigen ist die Stirn des Disentis-Typus meist ziemlich hoch und breit und zeigt stets wohlausgebildete Stirnhöcker.	Sie ist hoch und zeigt deutlich ausgebildete Stirnhöcker. Von vorn betrachtet zeigt sich eine ziemlich geringe kleinste Stirnbreite. Dann folgt eine sehr schnelle und starke Verbreiterung des Stirnbeins nach hinten.
Die Scheitelfläche ist breit, besonders in ihrem hinteren Teil, hier auch meist etwas an-	In der Norma verticalis betrachtet, zeigt der Schädel die Form eines kurzen Ovals. Der

steigend; nach beiden Seiten dacht sie sich in der Weise ab, dass in der Mittellinie eine stumpfe, sanft gerundete Kante entsteht.

Scheitel ist ziemlich flach, oder gegen die Sagittalnaht hin sanft gewölbt; doch verflacht sich diese Wölbung nach hinten wieder.

Die beiden Seitenwandungen des Schädels, in welche die äusseren Teile der Scheitelfläche gleichfalls mit abgerundeter Kante übergehen, sind in ihrem untern Abschnitt nicht unbedeutend nach einwärts geneigt, dabei aber etwas gewölbt. In der Norma occipitalis stellt sich daher der Schädel als ein Fünfeck dar, von geringerer Höhe als Breite, dessen beide äusseren Seiten nach unten etwas convergiren. Diese äusseren Seiten des Fünfecks sind nur um weniges länger oder selbst gleich lang, wie die beiden oberen, durch die Scheitelfläche gebildeten Seiten.

Von hinten gesehen ist der Schädel fast quadratförmig; doch divergiren die Seitenlinien nach oben ein wenig, so dass eher ein Trapez entsteht. Auf der obern Parallelen liegt ein sehr flaches, gleichschenkliges Dreieck und den Seitenlinien sind ähnlich flache Kreisabschnitte aufgelegt.

Die Hinterhauptschuppe wird zum grösseren Teil zur Bildung der verticalen Hinterhauptsfläche verwendet, so dass das Foramen magnum weit nach hinten zu liegen kommt.

Der vertical gerichtete Teil des Hinterhauptsbeines ist mässig hoch. — Die Nuchalpartie des Hinterhauptsbeines ist sehr kurz.

In der Norma verticalis stellt sich der Disentis-Schädel als breites Oval dar, an welchem die Abflachung des Occiput aus dem grossen Krümmungshalbmesser des hintern Abschnitts leicht heraus zu lesen ist.

In der Norma verticalis betrachtet, zeigt der Schädel die Form eines kurzen Ovals, dessen hinterer Pol flach abgerundet ist und dessen vorderes, schmales Ende durch eine gerade oder wenig gebogene Linie

	abgeschlossen wird. Manchmal nähert sich das Oval sehr einem Kreise.
Das Gesicht steht bei der sehr grossen Mehrzahl der Disentis-Schädel völlig orthognath. Indes trifft man hie und da auch solche Köpfe, bei denen mehr oder minder ausgesprochener Prognathismus besteht.	Die Disentiser Schädel sind orthognath mit Neigung zur Hyperorthognathie. Nur die Alveolarpartie des Oberkiefers ist teils prognath, teils orthognath mit Neigung zur Prognathie.
Die Superciliarbogen sind schwach oder gar nicht entwickelt; die Nasenwurzel unbedeutend eingezogen.	Die Superciliarbogen sind gar nicht oder nur schwach ausgebildet und verschwinden bald nach aussen. Das Nasion liegt gewöhnlich hoch.
Die Nase selbst ist durchweg schmal, besonders an ihrem obern Teil, fein gebaut.	Die Nase ist mittellang bis lang. Die beiden Nasenbeine sind im allgemeinen schmal und ziemlich stark aufgerichtet.

Sieht man nun von den durch eine Verschiedenheit der Messtechnik erklärten kleinen Differenzen in der obigen Tabelle ab, so hat man es mit zwei Reihen von Massen und descriptiven Eigenschaften zweier Schädelgruppen zu tun, die sich gar nicht besser decken könnten, wenn His und ich auch die Schädel zweier benachbarter Beinhäuser gemessen hätten. Und doch sind nur 6 von 34 Schädeln, nach denen His den Disentis-Typus aufgestellt hat, aus Graubünden (4 aus Disentis). Es ist mir deshalb um so unbegreiflicher und überraschender, dass His, mit so viel Glück möchte ich sagen, diese Schädelform gerade nach Disentis benannt hat, da ihm doch Urseren doppelt so viele Schädel zu dem Typus geliefert hat, und er bei einem Besuche im Disentiser Beinhause ebenso viele Sion- als Disentis-Schädel zu sehen glaubte. His schreibt in seinem Vortrag 1864, S. 10, über die Häufigkeit des Disentis- und Sion-Typus in Graubünden und speziell des obern Vorderrheintales folgendes: „Die Sionform tritt im gesamten Gebiet stark in den Vordergrund“, dann weiter

Seite 13: „So waren z. B. in Disentis selbst unter 25 Schädeln 9 reine Disentis, 9 reine Sion und 7 Mischlinge zu zählen; in Platta im Medelserthal war das Verhältnis ein ähnliches." Hier im oberen Vorderrhein- und im Medelsertal halten sich also nach His Sion- und Disentis-Typus die Wage. Dem widerspricht dann allerdings, was His in seiner Crania helvet. sagt: „Der eine von uns hat Gelegenheit gehabt, die Beinhäuser von Ruäras, Sedrun und Disentis zu durchgehen und hat hier, ebenso wie in andern schweizerischen Beinhäusern, neben vereinzelten Sion-Schädeln überwiegende Mengen reiner Disentis-Repräsentanten vorgefunden."

Da aber sein Vortrag später erschienen ist und das Verhältnis dort noch mit Zahlen belegt war, glaubte ich diesen als das Endgültige annehmen zu müssen. Ich dagegen fand, wie oben schon kurz erwähnt, das Sion-Element nur in sehr kleiner Anzahl vertreten, in Disentis in 7 % und in Danis in 6.5 %; oder mit andern Worten, in Disentis genügten nur 7 und in Danis nur 5 Schädel den Anforderungen, die His für den Sion-Typus aufgestellt hat. Zu denen in Danis gehören die 4 weiter oben beschriebenen Mesocephalen.

Es ist mir ganz unerklärlich, wie His im obern Vorderrheintal zu einer so grossen Anzahl von Sion-Schädeln gekommen ist.

Noch möchte ich hier einige kleine descriptive Differenzen zwischen His und mir erwähnen. Er fand als charakteristisch, dass die Occipitalfläche von der Temporalgegend in wohl markirter Kante abgesetzt sei. Allerdings fand sich auch bei meinen Schädeln an der betreffenden Stelle ein scharfes Umbiegen der Temporalgegend, doch liess sich von einer wohl markirten Kante kaum sprechen. Dann erwähnt er eine meist ziemlich breite Stirn, während ich sie ziemlich schmal nannte. Bei meinen Schädeln ist nun das Mittel der kleinsten Stirnbreite sogar noch ein wenig über dem von His. Er meint also wahrscheinlich in seiner Beschreibung das ganze Stirnbein, das allerdings auch bei meinen Schädeln eher breit zu nennen ist, da es sich nach hinten sehr schnell und stark verbreitert.

Da sich im übrigen die beiden Schädelgruppen so schön decken und mein Material auch ziemlich beträchtlicher ist, möchte ich hier noch einige Eigenschaften, besonders metrische, beifügen, die dazu dienen sollen, den Disentis-Typus noch genauer zu charakterisiren:

Die Verbreiterung des Schädeldaches nach hinten ist schon im Stirnbein eine recht beträchtliche. Das Mittel des Frontal-Index beträgt 77.6 bei einer Schwankung von 71 bis 84. Noch grösser aber ist die Breitenentwicklung weiter hinten. Eine Variation des transversalen Fronto-parietal-Index von 60 bis 72 hat zum Mittel 66.4.

Die Schädel sind in der Regel kryptozyg. Das Gesicht ist weder in die Breite noch in die Höhe stark entwickelt, doch eher niedrig. Der Obergesichts-Index (nach Kollmann) beträgt im Mittel 50.1 (Variation von 45 bis 55 in 90 %.)

Die Augen sind ziemlich hoch und nach aussen geneigt. Index 87.3.

Die Nase ist mittellang bis lang. Der Index schwankt von 42 bis 54 mit dem Mittel von 48.3.

Der Gaumen ist mässig stark gewölbt, ziemlich lang und mittelbreit. Der Index ist 80.0 bei einer Variation von 68 bis 87.

Die Breite über den Gehörgängen ist ziemlich grösser, als die Schädelbasisbreite (diese ist im Mittel 105.5 mm; von 94 mm bis 116 mm in 94.9 %); sie beträgt im Mittel 125.1 mm mit einer Variationsbreite von 115 mm bis 137 mm in 92.7 %.

Der Torus palatinus findet sich oft und sehr schön ausgebildet.

Aus den weiter oben gemachten Darlegungen geht nun deutlich hervor, dass man in Zukunft auch insofern von einem Disentis-Typus sprechen kann, als der Kreis Disentis in den letzten Jahrhunderten vorwiegend von Leuten dieses kraniologischen Typus bewohnt war und noch heute ist. Es wird sich also empfehlen, die von His so glücklich gewählte Bezeichnung der Anthropologie zu erhalten, wenn auch weitere Studien eine grosse geographische, von unserm Lande zum Teil weit abführende Verbreitung nachweisen sollten, kommt es ja doch zunächst darauf an, für einen einmal festgesetzten kraniologischen Typus eine knappe Bezeichnung zu finden, wozu sich aus nahe liegenden Gründen geographische Termini weit besser eignen, als historische.

D. Die engere Verbreitung des Disentis-Typus.

Es kann hier natürlich nicht meine Aufgabe sein, die Verbreitung des Disentis-Typus über ganz Europa oder die ganze Erde hin zu verfolgen. Ich werde mich dabei auf die Schweiz und die angrenzenden Gebiete beschränken. Zuerst fragt es sich, wie die bis jetzt in den Pfahlbauten der Stein- und Bronce-zeit in der Schweiz gefundenen Brachycephalen mit dem Disentis-Typus übereinstimmen. Ich benütze für diesen Vergleich die neue Zusammenstellung der Pfahlbauschädel in der Crania helvetica antiqua von Studer und Bannwarth. Natürlich kommen für diesen Fall nur die Brachycephalen in Betracht; vergleiche ich deren Beschreibung mit derjenigen meines Disentis-Typus, so zeigen sich jedoch namhafte Differenzen.

Die Brachycephalie ist bei den brachycephalen Schädeln aus den Pfahlbauten weniger ausgesprochen, als bei den Disentisern; dort beträgt das Mittel des Längenbreiten-Index 81.3; hier 85.4. Dann sagt Studer, dass bei seinen Schädeln die Höhe nicht bedeutend sei; der Ohrhöhen-Index schwanke zwischen 54 und 62, fällt also nur mit seinem höchsten Index noch in die Typus-Variation der Disentiser, alle andern liegen ausserhalb dieser Grenzen. Für die von Studer untersuchten Schädel fand ich eine mittlere Ohrhöhe von 105.7 mm; diejenige der Disentiser beträgt 116.4 mm. Ferner ist die Stirn niedrig. Der Frontalbogen beträgt im Mittel 122.3 mm (ich habe ihn aus 7 Fällen berechnet), bei meinen Disentisern 128.1 mm; dagegen stimmen die andern Sagittalbogen ziemlich mit meinen überein.

Bei den Pfahlbau-Schädeln ist die Hinterhauptsschuppe vorgewölbt; ein Merkmal, weswegen His seinen Schädel aus Meilen trotz seiner Brachycephalie dem Sion-Typus zugerechnet hat, findet sich hier also als Charakteristikum. Dann ist die Nasenwurzel eingesenkt und der Nasenrücken springt stark vor. Die Kiefer sind leicht prognath. Beim Manne sind die Muskelleisten ausgeprägt; die Augenbrauenbogen sind stark entwickelt, der Nasenwulst tritt stark hervor; am Hinterhaupt ist die Linea nuchae superior sehr kräftig und setzt sich scharf von der Unterschuppe ab.

Dies sind so ausgesprochene Abweichungen von meinen

Resultaten, dass ich es für unmöglich halte, die brachycephalen Pfahlbau-Schädel mit dem Disentis-Typus in eine Gruppe zu vereinigen, umsomehr, als es sich ja nur um wenige und dazu noch jugendliche Cranien handelt. Obschon die Differenzen in dem spärlichen Zahlenmaterial weniger zum Ausdruck kommen, gebe ich in nebenstehender Tabelle eine Zusammenstellung der gefundenen Masse der brachycephalen Steinzeit-Schädel mit den Mittelzahlen meiner Disentiser.

Bei ihren Untersuchungen kamen Studer und Bannwarth zu folgenden Resultaten: „Es sei anzunehmen, dass, da in der ältern Steinzeit der dolichocephale Typus ganz fehlt, der brachycephale aber nicht nur durch den Schädel, sondern auch durch die Skeletknochen (?) repräsentirt ist, die damalige Bevölkerung dem brachycephalen Typus angehörte. Dieser Typus existirte noch mit derselben Cultur und mit denselben Haustieren in der jüngeren Steinzeit, in denen schon das Metall vorzukommen beginnt. Mit diesem erscheinen Schädelreste des dolichocephalen Menschen und hier dürfte nun die Hypothese berechtigt sein, dass diese Schädel nicht den Bewohnern der Pfahlbauten, sondern denjenigen Menschen gehörten, welche vielleicht zum Teil als Händler und Vortrab einer grösseren Einwanderung, zum Teil als Eroberer in das Land eindrangen.“ Es ist daher wohl anzunehmen, dass die schwach brachycephale Urbevölkerung mit den Jahrtausenden in der meso- und dolichocephalen eingewanderten Bevölkerung aufgegangen ist und erst später dann eine andere brachycephale Bevölkerung, der heutige Disentis-Typus, in diese Gegenden eingewandert ist. Immerhin kann die Frage noch nicht definitiv entschieden werden, da nicht mehr und besseres Material aus der Steinzeit-Periode vorliegt.

Doch ich gehe über zu der heutigen brachycephalen Bevölkerung der Schweiz und wende mich von Graubünden aus nach Westen zum Kanton Wallis. Eingehende Studien über 422 Schädel wurden hier in den letzten Jahren von E. Pitard gemacht. Diese Schädel stammen aus den 5 Beinhäusern Naters, Viège, Rarogne, Sierre und Saxon, deren Inhalt Pitard zuerst kurz gesondert bespricht, um dann genauer auf die verschiedenen Grössen- und Formverhältnisse sämtlicher Schädel einzutreten. Ich lasse hier zuerst seine Mittelzahlen aus sämtlichen

Masse der brachycephalen Pfahlbau-Schädel.

Masse und Indices	Weib ? von Lüscherz	Weib von Auvernier	Mädchen, Schaffis 1)	Schädel von Meilen	Mann von Lüscherz	Weib, Sutz	Kind von Morigen 1)	♂ Schadeldach, Petersinsel	Disentiser Mittel
Grösste Länge	175 mm	170 mm	169 mm	178 mm	164 mm	177 mm	160 mm	181 mm	173.5 mm
„ Breite	140 „	137 „	142 „	145 „	142 „	147 „	129 „	146 „	148.1 „
Gerade Höhe	—	—	123 „	—	—	—	—	—	131.5 „
Ohrhöhe	—	114 „	106.1 „	—	—	—	97 „	—	—
Kleinste Stirnbreite	—	94 „	94 „	98 „	—	95 „	84 „	97 „	98.6 „
Coronalbreite	—	110 „	119 „	—	109 „	—	104 „ ?	126 „	—
Horizontalumfang	—	478 „	483 „	510 „	—	525 „	458 „	—	512.9 „
Verticaler Querumfang	—	—	298 „	—	—	—	280 „	—	325.9 „
Sagittalumfang	—	—	347 „	—	—	—	339 „	—	360.7 „
Frontalbogen	—	120 „	115 „	120 „	120 „	130 „	115 „	136 „	128.1 „
Parietalbogen	120 „	120 „	110 „	125 „	—	125 „	119 „	117 „	119.9 „
Occipitalbogen	—	—	122 „	115 „	—	—	105 „	—	112.7 „
Jochbogenbreite	—	125 „	—	—	—	—	97 „ ?	—	130.8 „
Längenbreiten-Index	80.0	80.5	84.0	81.5	86.6 [2]	83.1	80.6	80.7	85.4
Längenhöhen- „	—	—	72.8	—	—	—	—	—	75.5
Ohrhöhen- „	—	67.0	62.7	—	—	59.3	60.6	—	67.2
Obergesichts- „	—	48.0	—	—	—	—	49.5 ?	—	50.1
Orbital- „	—	75.0	—	—	—	—	79.4	—	87.3
Nasen- „	—	55.6	—	—	—	—	54.2	—	48.3
Gaumen- „	—	100.0	—	—	—	—	69.4	—	80.0

1) Hier ist zu beachten, dass es sich um jugendliche Individuen handelt.
2) Die Hinterhauptsschuppe ist durch Draht befestigt, da der hintere Teil der Parietalia abgebrochen ist.

5 Serien folgen und stelle ihnen diejenigen meiner Disentiser gegenüber. Die verschiedenen Mittel der Walliser wurden aus 322 Schädeln berechnet.

	Walliser	Disentiser
Grösste Länge	175.5 mm	173.5 mm
„ Breite	148.1 „	148.1 „
Horizontalumfang	512.4 „	512.9 „
Vertic. Querumfang	312.1 „	325.9 „
Sagittalumfang	356.1 „	360.7 „
Frontalbogen	124.1 „	128.1 „
Parietalbogen	120.8 „	119.9 „
Occipitalbogen	111.2 „	112.7 „
Längenbreiten-Index	84.5	85.4
Längenhöhen „	74.3	75.5
Breitenhöhen- „	87.6	88.5
Frontal- „	79.4	77.6
Obergesichts- „	51.4	50.1
Orbital- „	89.1	87.3
Nasal- „	48.5	48.3
Gaumen- „	69,0	80.0

Die Differenzen in den Massen und Indices sind, wie aus obiger Zusammenstellung leicht ersichtlich, nur geringe. Die Schädellänge übertrifft um 2 mm diejenige der Disentiser, während die Breite die gleiche ist, folglich bleibt dann der Längenbreiten-Index bei den Wallisern ein wenig zurück. An diesem Verhalten sind wahrscheinlich die meso- und dolichocephalen Schädel schuld; Pitard hatte nämlich deren 12.5 %, während ich bei meinen Disentisern nur 6.4 % Mesocephale fand. Die Differenz im Gaumen-Index rührt daher, dass Pitard nach Broca bei der Gaumenlänge den hintern Nasenstachel mitgemessen hat.

Das grösste Gewicht hat Pitard auf die Zahlenergebnisse gelegt; dafür kommt leider die eigentliche Formbeschreibung zu kurz; sie umfasst in seiner langen Abhandlung nur einige wenige Seiten. Ich gebe sie hier fast vollständig wieder:

N o r m a v e r t i c a l i s: Der Schädel ist ausgesprochen globulös, mit einer Rundung in der Gegend der Parietalhöcker. Die Jochbogen sind wenig oder gar nicht sichtbar,

Norma frontalis: Die Stirn ist hoch und verbreitert sich nach hinten; die Stirnhöcker sind manchmal gut ausgebildet, besonders bei den metopischen Schädeln; die Superciliarbogen sind im allgemeinen mässig entwickelt. Die Temporalgegend ist ausgebaucht, besonders im hintern Abschnitt. Die Augen sind gewöhnlich hoch. Die Interorbitalbreite ist im Allgemeinen ziemlich gross.

Norma lateralis: Die Stirn ist steil (droit) und beschreibt, indem sie sich erhebt, eine regelmässig convexe Kurve bis zum Bregma, von da senkt sich diese regelmässig bis zum Lambda. Vom Obelion an oft steiler Abfall bis zum Inion, doch zeigt sich noch häufiger (plus communément) im obern Teil des Hinterhauptsbeines eine leichte Vorwölbung. Dann folgt eine convexe Kurve bis zum Opisthion. Die Glabella ist gewöhnlich wenig ausgesprochen. Die Nasenbeine sind vorspringend.

Norma occipitalis: Die Mastoidealhöcker sind mittelmässig entwickelt. Das Hinterhauptsloch ist im Allgemeinen geräumig (spacieux). In dieser Ansicht erscheint die Jochbogenbreite beträchtlich, was von der grossen Breite des Schädels zeugt.

Ein Vergleich dieser Merkmale mit denjenigen des Disentis-Typus zeigt im grossen Ganzen eine schöne Uebereinstimmung der beiden Schädelgruppen, die eigentlich in den Massen noch besser als in den eigentlichen Formverhältnissen zum Ausdruck kommt, doch sind auch hier die Differenzen so gering, dass die Walliser Schädel sich sehr schön dem Disentis-Typus zuzählen lassen. Das gleiche gilt von den brachycephalen Schädeln aus Saas im Grund (Wallis), die von Scholl ('91, S. 51) beschrieben wurden. Er erwähnt selber, dass sein typischer Saaser Schädel alle diejenigen Eigenschaften wiederhole, die als charakteristisch für den Disentis-Typus gelten. Die enge Zusammengehörigkeit der Saaser mit der Bevölkerung Graubündens kann wohl nicht bestritten werden, zumal auch die Masszahlen durchaus im Sinne dieser Anschauung sprechen."

Weiter wurde eine Serie von 80 Schweizer Schädeln von Alex. Schenk ('99) beschrieben. Sie stammen aus den Waadtländer Ortschaften Lausanne, Noville, Leysin, Bex, Morges,

Moudon und Villeneuve. Unter diesen Waadtländer Schädeln waren die Meso- und Dolichocephalen mit 23.74 % vertreten, also fast viermal stärker als bei meinen Disentisern. Bei Ausscheidung der Dolichocephalen und Mesocephalen Schenk's steigt das Mittel des Längenbreiten-Index für die Brachycephalen auf 84.86, dasjenige des Längenhöhen-Index bis 75.09. Schenk kommt daher zu dem Schluss, dass seine Waadtländer weniger reine Kelten seien, als z. B. die Graubündner und Walliser. Dies schliesst er auch daraus, dass die Waadtländer einen weniger steilen Abfall des Hinterhauptes, ein höheres Gesicht, eine schmalere Nase und niederere Augenhöhlen hätten. Mag dies nun in vielen Fällen zutreffen, so stehe ich doch nicht an, die Mehrzahl seiner brachycephalen Schädel nach seiner Charakterisirung derselben zum Disentis-Typus zu zählen, da ja auch die Masse sonst ziemlich genau übereinstimmen. Leider sind bei Schenk die absoluten Masszahlen der Länge, Breite und Höhe der Schädel nirgends angegeben.

	Alle Waadtländer	Die brachyc. Waadtländer	Disentiser
Längenbreiten-Index	83.68	84.86	85.4
Längenhöhen- „	73.86	75.09	75.5
Breitenhöhen- „	88.65	87.51	88.5
Frontal- „	80.08	79.38	77.6
Index fronto-zygomaticus	77.21	77.36	74.6
Obergesichts-Index	52.08	50.93	50.1
Orbital- „	85.36	86.43	87.3
Nasal- „	47.49	47.55	48.3
Gaumen- „	70.24	—	80.0
Horizontalumfang	514.01 mm	511.81 mm	512.9 mm
Vert. Querumfang	310.10 „	311.00 „	325.9 „
Sagittalumfang	363.45 „	360.87 „	360.7 „
Frontalbogen	126.82 „	126.70 „	128.1 „
Parietalbogen	121.56 „	120.58 „	119.9 „
Occipitalbogen	116.07 „	113.59 „	112.7 „

Die Gaumenlänge wurde wahrscheinlich nach Broca gemessen,

An einem umfangreichen Material der Innerschweiz wurden Studien gemacht von O. Schürch ('00). Sie betreffen 455 Schädel aus der Anatomie Bern und den Beinhäusern in Hasle, Buochs, Stans, Altdorf und Schattdorf. Die Untersuchungen beziehen sich hauptsächlich auf die Länge und Breite (und Höhe) der Schädel zur Feststellung der Indices. Dann beschäftigt sich der Verfasser eingehend mit der Korrelation des Gesichtes zum Gaumen, zur Nase und zu den Augenhöhlen, zur Feststellung der Rasseneinheit der betreffenden Bevölkerung. Wie grosse Arbeit auch in der Arbeit Schürch's stecken mag, so ist doch sehr zu bedauern, dass das grosse Schädelmaterial nicht besser ausgenützt wurde und dass jegliche Beschreibung der recenten Schädel fehlt. Dies wäre um so wertvoller, als es in kurzer Zeit kaum oder nur noch schwer möglich sein wird, eine solch grosse Anzahl Schädel aus Schweizer Beinhäusern zur eingehenden Untersuchung zur Verfügung zu haben, da in neuester Zeit dieselben an vielen Orten wieder vergraben werden.

Schürch fand unter seinen Schädeln 86.6 % Brachycephale, 11.8 % Mesocephale und 1.6 % Dolichocephale. Am meisten Dolichocephale lieferten die Anatomie Bern mit 3.8 % und das an der schon lang und viel gebrauchten Gotthardstrasse gelegene Beinhaus von Altdorf mit 2.5 %. Buochs und Stans weisen keinen einzigen Dolichocephalen auf und nur 8.5 % resp. 7.9 % Mesocephale. Das Beinhaus Schattdorf enthielt 4.8 % Mesocephale und 1.7 % Dolichocephale. In Bezug auf das Gesicht waren 88.5 % der Schädel leptoprosop und 11.5 % chamaeprosop. Bildet man noch eine dritte Gruppe, mit dem Index 50.0 bis 54.9, so ändert sich das Verhältnis stark zu Ungunsten der Leptoprosopen.

Es sind dann:

leptoprosop	39.1 %
mesoprosop	49.4 %
chamaeprosop	11.5 %

Von den 49.4 % Mesoprosopen zeigen fast die Hälfte (109 Schädel) Neigung zur Chamaeprosopie.

Dem Umstande, dass Schürch nur Leptoprosope und Chamaeprosope unterscheidet, ist es auch zum grossen Teil zuzuschreiben, dass er das Gesetz der Korrelation bei einer so grossen Mehrzahl der Schädel bestätigt findet.

Ich fand bei den Disentisern eine etwas grössere Prozentzahl von Brachycephalen, nämlich 93.6 %, und weniger häufig Leptoprosopie, doch wage ich auf Grund so weniger Vergleichungspunkte weder die Schädel der Innerschweiz aus dem Disentis-Typus auszuschliessen, noch sie zu demselben zu rechnen, besonders da irgendwelche Formbeschreibung, die für die Diagnostizirung craniologischer Typen unumgänglich nötig ist, bei Schürch ganz fehlt. Es liessen sich zwar aus Schürch's Zahlenmaterial noch viele wertvolle Mittelwerte berechnen, ebenso die Längenhöhen- und Breitenhöhen-Indices, doch würde auch das, wie eben erwähnt, zu einer eingehenden Vergleichung mit den Disentisern noch nicht genügen.

Ueber die Nordschweiz sind meines Wissens noch keine anthropologischen Untersuchungen in obigem Sinne gemacht worden. Bei dem vollständigen Fehlen von Beinhäusern in diesen Gegenden liessen sich hier nur Studien an Lebenden in grösserem Masse machen. Es liegt also da der anthropologischen Forschung noch ein grosses Wirkungsfeld offen, dessen Bearbeitung allerdings auf mehr Hindernisse stossen wird, als das Studium des toten Materials.

Im östlichen Nachbarlande Graubündens, in Tirol, wurden sehr viele Schädelmessungen vorgenommen von F. Tappeiner. Schon 1880 veröffentlichte er die Resultate von 1317 Schädelmessungen und von 606 Lebenden; doch beschränkte er sich dabei auf die Angabe der Indices. Drei Vierteile der gemessenen Beingruftschädel zeigten von oben gesehen dreieckige (?) und rundlich-viereckige Form. Die Köpfe der Lebenden fand er noch etwas breiter und höher.

1896 stieg die Zahl der gemessenen Schädel und Köpfe von Tappeiner auf 8651. Davon waren 1.1 % Langschädel, 16.1 % Mittel-Langschädel, 82.7 % Kurzschädel; von letzteren waren 35.98 % Rundschädel oder hyperbrachycephal. Auf Virchow's Veranlassung veröffentlichte Tappeiner 1898 die Einzelmasse von 384 hyperbrachycephalen und von 150 brachycephalen und mesocephalen Tiroler Beingruftschädeln. Leider fehlen hier wieder die Zusammenstellungen und Mittelzahlen, wie auch die genauere Beschreibung der Schädelformen, so dass ich von einer Vergleichung mit den Disentisern absehen muss.

Für Bayern und Süd-Baden finden sich wieder eingehende craniologische Untersuchungen von J. Ranke (lit.) und A. Ecker (lit.). Da Ranke die Alt-Bayern und Süd-Badener mit dem Disentis-Typus verglichen hat, kann ich mich hier auf seine Ergebnisse stützen. Nachdem er seine Dolichocephalen und diejenigen Ecker's mit dem Sion- und Hohberg-Typus der Schweiz zusammengestellt hat, schreibt er S. 237: „ähnlich entscheidend ist auch die Uebereinstimmung zwischen der Schweiz, Süd-Baden und Alt-Bayern in Bezug auf die Brachycephalie der heutigen Bewohner.“ Bezüglich eines Vergleiches der quantitativen Zusammensetzung der Bevölkerung sagt er, dass die Brachycephalie in der innern Schweiz noch ausgebildeter zu sein scheine, als in Alt-Bayern, denn als höchsten Prozentsatz findet er die Brachycephalen mit 90 % im Beinhaus zu Unterinn (in Tirol) vertreten, während er sie für die Innerschweiz zu 95 % vertreten annimmt, was doch etwas zu hoch gegriffen ist. Allerdings bleibt Ranke's mittlerer Längenbreiten-Index mit 83 (Ecker für Süd-Baden mit 83.1) ziemlich hinter dem der Disentiser Schädel zurück (85.4). Doch kommt dann Ranke zu dem Schluss, dass die modernen süddeutschen Stämme der Bayern, Schwaben und Alemannen (Schweizer) kraniologisch die allernächste Verwandtschaft zeigen, ja in gewissem Sinne als craniologisch identisch zusammengesetzt erscheinen.

Hölder hat die Zusammensetzung der Bevölkerung Württembergs genauer studirt und dabei drei Haupttypen gefunden; einen dolichocephalen (den germanischen) und zwei brachycephale, die er als turanischen und sarmatischen Typus bezeichnet. Den germanischen lasse ich hier selbstverständlich ausser Betracht.

Ganz genau deckt sich nun mit dem Disentiser Schädel-Typus weder der turanische noch der sarmatische Typus Hölder's. Der turanische weicht in der Form des Hinterhauptes, der Nase, der Nasenwurzel und der niedern Stirn vom Disentiser ab, während beim Sarmaten das hohe schmale Gesicht nicht mit diesem übereinstimmt. Leider gibt Hölder keine Zahlen für die

Gesichtsmasse an, so dass ich nicht entscheiden kann, welcher Wert diesem Unterschied in der Gesichtsform zwischen den Disentiser und sarmatischen Typen zuzuschreiben ist; er kann sehr gross, mag aber vielleicht auch nur ganz gering sein. Zudem wird der Vergleich der beiden Typen noch dadurch erschwert, dass Hölder zur Aufstellung seines sarmatischen Typus nur einen einzigen Schädel gebrauchte, wodurch die Typusvariation unbekannt bleibt. Allerdings kommen auch bei meinen Disentisern Schädel vor, die entweder mit dem turanischen oder dem sarmatischen Typus völlig übereinstimmen. (Beide werden ja auch von Hölder selbst früher unter der Bezeichnung „ligurisch" zusammengefasst.) Die Hauptzahl der Disentiser vereinigt aber mit mittelbreitem Gesicht und hoher Nasenwurzel auch ein steil abfallendes Hinterhaupt; kann also weder ganz mit dem turanischen noch sarmatischen Typus identifizirt werden.

Auch über die Bewohner westlich des Rheins besitzen wir nunmehr craniologische Untersuchungen. Es wurden hier Studien gemacht an 700 Schädeln aus elsässischen (vogesischen) Beinhäusern von Blind ('98). Die Schädel zeichneten sich aus durch die auffallend kubische oder kugelige Gestaltung, durch starke Ausbildung der Tubera frontalia und parietalia oder durch die Prominenz der entsprechenden Stirn- und Scheitelbeinregionen, sowie ausgeprägte Orthognathie, weitgehende Abflachung des Hinterhauptes. Ferner waren die Schädel hochgradig brachy- und hypsicephal, alles Merkmale, die sich in schönster Form auch bei den Disentisern finden. Weitere charakteristische Eigenschaften der Elsässer Schädel sind die schwach entwickelten Arcus superciliaris, kaum gewölbte Glabella und nicht eingesenkter Nasenansatz. 84.56 $^0/_0$ der Schädel haben einen Längenbreiten-Index von 80 und darüber (Disentiser 93.6 $^0/_0$). Auch die Hypsicephalie ist bei den Elsässern ein wenig geringer vertreten; den Index 75.0 und mehr hatten 47.38 $^0/_0$, bei den Disentisern 55.1 $^0/_0$.

Die Gesichter sind bei den Elsässern im Durchschnitt etwas höher als bei den Disentisern und auch die Capacität etwas grösser, doch sind die Hauptmasse und die allgemeinen Formverhältnisse so identisch mit denjenigen der Disentiser, dass sich die Elsässer Schädel von selbst in den Disentis-Typus einreihen, wie dies auch ein Vergleich von Blind's Abbildung des Schädels aus dem Zaberner Beinhause mit meinen Disentisern zeigt.

Das gleiche ist der Fall für die brachycephalen Schädel des Lothringer Beinhauses in Schorbach, die Blind (lit.) neuerdings beschrieben hat.

Auf eine von Kraitschek ('01, S. 321) kürzlich erschienene Arbeit über den „Alpinen Typus" trete ich hier nicht ein, da es sich dabei nur um Hypothesen handelt.

Dagegen möchte ich noch meinen Disentis-Typus mit den von Deniker ('97, S. 291) aufgestellten Schemata der europäischen Rassentypen vergleichen. Die wesentlichsten Charakteristika meines Typus decken sich ziemlich genau mit denjenigen seiner 4. Rasse: „Braun, sehr brachycephal, von kleiner Gestalt", oder seiner race Occidentale oder Cévennole. Die Mittelzahlen, die er dafür aufstellt, sind für den Längenbreiten-Index 85—87 und für die Körpergrösse 163 cm bis 164 cm. Die Haare braun, das Gesicht ziemlich breit, die Nase ziemlich gross, die Gestalt untersetzt. Deniker fand diese Rasse verbreitet in West-Europa, besonders in den Cevenen, auf dem centralen Plateau, in den West-Alpen und ein wenig geschwächt oder gemildert durch Mischung in der Bretagne, Poitou, im mittleren Po-Tal, in Toskana, Siebenbürgen und wahrscheinlich noch in Mittel-Ungarn. (Dies deckt sich allerdings nicht mit meinem oben gesagten, da ich ja die Bayern, Württemberger, Badener und Elsässer als mit meinem Disentis-Typus verwandt, nachweisen konnte.)

Fasse ich meine eigenen Resultate und diejenigen der angeführten Autoren zusammen, so ergibt sich, dass der Disentis-Typus sich sicher findet in Graubünden, im Wallis und der Waadt, ferner in Bayern, Baden und Elsass; möglicherweise auch im Tirol und Württemberg, doch fehlen in den letzteren beiden Ländern, wie auch in der Inner- und Nordschweiz noch genügende und genauere Studien, um ein sicheres Urteil hierüber fällen zu können. Denn auf Grund von Messungen und Formbeschreibungen, die nur einige wenige Verhältnisse berücksichtigen, wage ich es nicht, weder die Zugehörigkeit zum Disentis-Typus, noch das Gegenteil auszusprechen.

Ferner wäre noch hinzuzufügen, dass der Disentis-Typus in den berücksichtigten Gebieten nirgends ungemischt vorkommt, sich aber in Graubünden noch am reinsten erhalten hat. Es ist daher zu wünschen, dass der von His mit so viel Glück aufgestellte Disentis-Typus auch fernerhin in der Anthropologie sein Bürgerrecht behaupten möge.

E. Messungen und Beobachtungen an Lebenden.

Bei meinem Aufenthalt im Kreise Disentis habe ich auch eine Anzahl Messungen an Lebenden vorgenommen. Doch beziehen sich dieselben nur auf 14 ausgewachsene Männer. Diese Art des Studiums ist natürlich viel schwerer als das Studium des toten Materials, da dabei die Interesselosigkeit der Bevölkerung vor allem, aber auch ein gewisses Mass von Furcht und Aberglauben zuerst zu überwinden sind. Besser liessen sich solche Untersuchungen in Militärschulen vornehmen.

Aus diesem kleinen Material lassen sich allerdings keinerlei Schlüsse auf die gesamte Bevölkerung machen. Für die Körpergrösse und das Auftreten des Kropfes stütze ich mich noch auf die eingehenden Untersuchungen von Dr. Lorenz an den Rekruten von Graubünden in den Jahren 1875 bis 1879; die übrigen Angaben mögen nur als Anhang zum ersten Teil betrachtet werden und bilden einen Beitrag zu späteren genaueren Untersuchungen in den betreffenden Gegenden.

Die mittlere Körpergrösse der 3141 sich zur Rekrutierung stellenden Männer des Kantons betrug 164.5 cm. Dabei ist zu beachten, dass das Alter erst 19 Jahre, das Wachstum also noch nicht abgeschlossen war. Ich fand als Mittel für die 14 Gemessenen eine Körpergrösse von 167.7 cm. Das eidgenössische Mittel der Militärpflichtigen für das Jahr 1865 betrug für 22414 Mann 163.5 cm; die Graubündner stehen also etwas über dem eidg. Mittel. Von den oben erwähnten 3141 Mann aus Graubünden hatten 332 eine Grösse unter 155 cm. Diese verteilten sich auf die 4 Rekrutirungskreise[1]) folgendermassen:

Rekrutirungskreis	6	stellt	dazu	49	Mann	= 14.7 %
„	7	„	„	111	„	= 33.4 %
„	8	„	„	106	„	= 31.9 %
„	9	„	„	66	„	= 19.8 %

Der Kreis 6 hat also nicht nur absolut am wenigsten Kleine, sondern auch im Verhältnis zur gestellten Mannschaft, nämlich 8.4 %, während Kreis 9 9.1 %, Kreis 7 11.3 % und Kreis 8 12.3 % Kleine aufweisen. Die mittlere Körpergrösse der 4 verschiedenen Kreise ist folgende:

Kreis 6	=	164.24 cm
„ 7	=	164.06 „
„ 8	=	164.16 „
„ 9	=	165.66 „

Lorenz kommt nach seinen Beobachtungen zu folgenden Resultaten:

Der Kreis 6 beherbergt einen guten Mittelschlag mit Vorwiegen der Grössen von 160 cm bis 170 cm.

Der Kreis 7 hat einen sehr grossen Spielraum in seinen Grössenverhältnissen; viele Kleine und Grosse und verhältnismässig weniger Mannschaft mittlerer Grössenmasse.

Der Kreis 8 hat viele Kleine, aber auch eine grosse Anzahl grosser Leute von 170 cm bis 180 cm, ähnlich wie Kreis 7.

Kreis 9 zeigt im allgemeinen einen grossen Menschenschlag, zu dem das Albulagebiet und insbesondere das Oberhalbstein wesentlich beitragen.

---

[1]) Kreis 6: Beginnt mit Felsberg und umfasst das ganze Vorderrheingebiet (Bündner Oberland mit seinen Seitenthälern Lugnez und Vals, Medels und Tavetsch), Safien ausgenommen, das zu Kreis 7 gehört.

Kreis 7: Umfasst den politischen Kreis Churwalden, dann mit Chur und Ems auf dem rechten Rheinufer, von und mit Bonaduz an das Tal des Hinterrheins mit Heinzenberg, Safien und dem Seitental Avers, ferner die Täler Misox und Calanca.

Kreis 8: Rheintal von Haldenstein abwärts bis zur St. Galler Grenze, die Talschaften Prättigau mit St. Antönien, Davos und Schanfigg.

Kreis 9: Umfasst das Gebiet der Albula und Julia, das ganze Inngebiet (beide Engadine), Bergell, Puschlav, Münstertal und Samnaum.

Ich gehe über zu meinen eigenen Beobachtungen. Die Spannweite der Arme übersteigt bei den 14 gemessenen im Mittel die Körpergrösse um rund 10 cm. Die grösste Differenz war 20 cm. In keinem Fall war die Spannweite der Arme geringer als die Körpergrösse. Diese beträgt im Mittel 177.6 cm. Die Länge des Rumpfes schwankte gleichmässig zwischen 52 cm und 63 cm, mit einem Mittel von 57.6 cm.

Die Oberarmlänge war 31.1 cm und die Vorderarmlänge 25.6 cm; die Extreme lagen bei beiden 7 cm auseinander. Als Oberschenkellänge fand ich 47.8 cm und als Unterschenkellänge 38.0, letztere mit nur 5 cm Schwankung.

In den Kopfmassen zeigten sich grössere Schwankungen, besonders in der Länge desselben. Sie betrug im Mittel 193.6 mm (Minimum 178 mm und Maximum 208 mm). Die Breite varierte zwischen 151 mm und 174 mm mit dem Mittel 160.9 mm und die Höhe zwischen 201 mm und 245 mm mit dem Mittel 230.1 mm.

Der Längenbreiten-Index war hier ziemlich kleiner als bei den Schädeln, nämlich 83.4, was aber bei dem kleinen Material von geringer Bedeutung ist. Der Längenhöhen-Index betrug 65.5 mm im Mittel. Der Obergesichts-Index ist 50.9 mm und der Ganzgesichts-Index (phys. n. Kollmann) 84.2 mm; der Nasen-Index ist im Mittel 61.9 mm.

Die Haarfarbe war meist dunkelbraun bis schwarz, 4 mal hellbraun oder dunkelblond. Im Allgemeinen waren die Haare schlicht, einmal gekräuselt.

Die Augen zeigten alle möglichen Nuancen, doch waren sie vor allem hell- oder dunkelgrau und braun.

Was das Vorkommen des Kropfes anbetrifft, so beobachtete ich ihn selbst in keinem Fall bei den 14 Gemessenen. In gleicher Weise gibt auch Lorenz als Kantonsmittel S. 86 0.94 ‰ der Bevölkerung als mit Kropf behaftet an, und speziell an den Rekruten des Kreises Disentis fand er ihn in 0.50 ‰ (betrifft also nur die 19 jährige männliche Bevölkerung). Am seltensten kommt er vor im Kreis Puschlav mit 0.34 ‰ und am häufigsten in Kazis mit 3.69 ‰.

II. Ethnographischer Teil.

A. Sprache.

Die Sprache, die im Kreise Disentis fast ausschliesslich gesprochen wird, ist die rätoromanische und zwar der vorderrheintalische Dialekt derselben. Das Romanische zerfällt nämlich in zwei Hauptdialekte, in denjenigen des Bündner Oberlandes, d. h. des Vorderrheintales mit seinen Seitentälern, und in den des Engadins, das Ladinische genannt; dazwischen kommen verschiedene Uebergänge von Tal zu Tal, ja selbst von Dorf zu Dorf vor. Das heutige Romanisch ist nicht lediglich ein entarteter lateinischer Dialekt, sondern eine organisch entwickelte Sprache, die allerdings nicht ohne fremde Einflüsse geblieben ist. So hat sie im Vorderrheintale dem Deutschen viel entlehnt. In den letzten Jahrzehnten zeigt das Romanische eine kleine Abnahme ihrer Vertreter, die immer noch weiter schreitet und deren Gründe sich in verschiedenen politischen und socialen Einrichtungen finden. Es ist hier nicht der Ort, genauer auf diese Verhältnisse einzutreten, um so mehr, als sie in den letzten Jahren von A. Sartorius von Waltershausen ihre volle Würdigung gefunden haben. (Siehe Litteraturverzeichnis.) Dagegen gebe ich hier noch eine Anzahl der gebräuchlichsten Hauptwörter in Deutsch, Oberländer-Romanisch, Ladinisch, Italienisch und Lateinisch, woraus sich viele verwandtschaftliche Beziehungen ersehen lassen. Daneben zeigen sich aber auch solche Wörter, die wahrscheinlich auf das Rhätische zurückgehen.

Deutsch	Oberländisch	Ladinisch	Italienisch	Lateinisch
Berg	quolm, muntagna		monte	mons
Tal	vall, vallada		valle, vallata	vallis
Stein	crap	peidra	pietra	lapis
Sand	sablun	siblun	sabbia	sabulum
Eisen	fier		ferro	ferrum
Kupfer	iromm	arom, aram	rame	aeramen
Gold	aur	or	oro	aurum
Silber	argienn		argento	argentum
Salz	sal	sel	sale	sal
Wasser	aua	agua, ava	acqua	aqua
Fluss	fluss	flüm	fiume	fluvius, flumen
Quelle	fontauna	funtauna	fonte	fons (fontana)
Regen	plievia		pioggia	pluvia
Hagel	tempiasta	tempeista	grandine	grando, tempestas
Schnee	neiv	naiv	neve	nives
Wolke	nebla		nuvola	nubes, nebula
Fisch	pesch		pesce	piscis
Lachs	salm		salamone	salmo
Himmel	tschiel	tschel, cel	cielo	caelum
Stern	steila	staila	stella	stella
Sonne	soleilg		sole	sol
Mond	glina	glüna	luna	luna
Tag	dı		giorno	dies
Nacht	notg	nott, noat	notte	nox
Eis	glatsch		ghiaccio	glacies
Blitz	cametg	lintscherna	baleno	fulgur
Donner	tun		tuono	tonitrus
Roggen	segal	sejal, segel	segala	secale
Weizen	furment		formento	triticum,frumentum
Hafer	aveina	avaina	vena, avena	avena
Gerste	dumiec	hũerdi, graun	orzo	hordeum
Erbse	arveigl	arvaigl	pisello	pisum (arvalis?)
Bohne	fav		fava	faba
Flachs	glin		lino	linum
Heu	fein	fain	fieno	fenum
Gras	iarva, erva	erba	erba	herba
Sichel	farcla		falciuola	falx, falcula
Wald	uaul	guaut	selva	silva
Baum	pumer		albero	arbor (pomarius)
Holz	lenna, lenn	lain	legno	lignum
Rinde	scorsa, scorza		corteccia	cortex
Stamm	tschep		tronco	truncus, cippus
Wurzel	ragisch	radisch	radice	radix

Deutsch	Oberländisch	Ladinisch	Italienisch	Lateinisch
Fichte	tieu	tiev	pino	pinus
Ahorn	ischi	ascher	acero	acer
Weide	salisch	salsch	salice	salix
Erdbeere	farbun		fragola	fragum
Bär	uors		orso	ursus
Fuchs	uolp	guolp, golp	volpe, golpe	vulpes
Hase	lieur		lepre	lepus
Ochse	bov	bouv	bue, bove	bos
Stier	taur	tor	toro	taurus
Kuh	vacca	vacha	vacca	vacca
Kalb	vadi	vade	vitello	vitulus
Schaf	nuorsa		pecora	ovis
Schwein	piertg	pors, püerch	porco	porcus
Ferkel	purschi		porcello	porculus
Ziege	caura	chavra, chevra	capra	capra
Hund	tgaun	chaun	cane	canis
Katze	giat		gatto	catus
Fleisch	carn	charn	carne	caro
Wolle	lana	lana	lana	lana
Fell	pial	pell	pelle, pelo	pellis
Milch	latg	latt	latte	lac
Mensch	carstgaun	crastiaun	uomo	homo, christianus
Kopf	testa	cheu, cho	capo, testa	caput
Brust	pezz		petto	pectus
Schulter	spatla	spedla	spalla	spathula
Arm	bratsch		braccio	brachium
Hand	maun	man	mano	manus
Bein	comba	chomma	gamba	crus
Fuss	pei	pè	piè, piede	pes
Vater	bab	bap	padre	pater
Mutter	mumma		madre	mater (mamma)
Sohn	figl		figlio	filius
Tochter	feglia		figlia	filia
Bruder	frar	frer	fratello	frater
Schwester	sora	sour	sorella, suora	soror
Neffe	nefs		nipote	nepos
Nichte	niaza		nipote	
Grossvater	tat	bapsegner	nonno, avola	avus, tata
Grossmutter	tata		nonna, avola	avia
Onkel	aug	barba	zio	avunculus
Tante	onda	anda, amda	zia, cugina	agnata

Orts- und Flurnamen des Kreises Disentis.

Es folgen hier eine Anzahl Orts- und Flurnamen von sechs Gemeinden (Brigels fehlt), wie ich sie dem Munde des Volkes, der Siegfriedkarte und für die Gemeinde Somvix zum Teil Kübler entnommen habe. Das Verzeichnis macht keinen Anspruch auf Vollständigkeit; es handelt sich hier ja auch nicht um eine onomatologische Studie, sondern es soll nur gezeigt werden, wie sehr viele der Stammwörter in verschiedenen Variationen sich oft wiederholen. Es ist besonders eine kleine Anzahl, wie prau, prada, camp, runn, fontauna etc., die häufig wiederkehren. Viele der Namen sind heute im Volke noch lebendig und gehören dem heutigen Rätoromanisch an, bei andern war die Bedeutung schwerer zu ermitteln, bei noch andern mag sie auch nicht ganz richtig getroffen sein. Die benutzten Quellen sind im Litteraturverzeichnis angegeben.

Accla, Acletta. (D.,[1]) M., Sch., Ta., Tr.) auch Acla, Acletta gegeschrieben = ad colore, Landgut, Meierhof, Rüte, Reute; Accletta = Landgütchen. (Carigiet.)

Acla dil Tyroler: (Tyroler Gut).

Acla dil Oberst: (Gut des Obersten).

Acla Martin: (Gut des Martin).

Acla pleuna: (ebenes Gut), kommen in Truns vor.

Agada, St. (D.): Kirche beim Dorfe Disentis. St. Agatha.

Auas, sur, (M.): über den Wassern.

Ault, Pic. (D. M.): rom. ault = hoch, erhaben, vom lat. altus; Pic = der Schnabel; pizz, pizza = die Bergspitze.

Aulta, val: hohes Tal.

Badus, (Ta.): Gatschet lässt es aus dem lat. palus, Sumpf, Morast, das im Alt- und Neuitalienischen durch padule wiedergegeben wird, entstehen. Buck dagegen führt es auf buda, Schilfgras, Rietgras zurück. Aus altem monte budoso wurde nach churwelschen Lautgesetzen sehr leicht badus.

Barcuns, pleun de (D. S. Tr.): il barcun = die Oeffnung von einem Gemach zum andern, auch nach aussen, aber ohne

---

[1]) Das sind die Anfangsbuchstaben der Gemeinden (Disentis, Medels, Schlans, Somvix, Tavetsch, Truns), wo sich die Namen finden.

Fenster; der Fensterladen, der Laden. Buck bringt es zusammen mit Barg, alpines Wort für Schopf, Stall, Heuhütte, sagt aber, es könne auch balcun = Bergabhang sein; rom. bargun = Heuhütten ohne Viehstall.

Barschaus, ils. (S.); barschar = verbrennen.

Baselgia, (M.): rom. la baselgia = die Kirchc (basilia). Nach der Sage hätte an dieser Stelle die Pfarrkirche von Platta erbaut werden sollen; doch seien die Steine jede Nacht an die Stelle der heutigen Kirche gewandert. Man habe diesem überirdischen Zeichen dann Folge geleistet, der Name sei aber an dem Platze hangen geblieben.

Baselgiot, (M.): mit dem vorigen zusammenhängend.

Berschaus, (D.): vielleicht identisch mit Burgus mit den verschiedenen Schreibformen: Burgeis, Purgeus, Burgews, Bergäus, Bergäws, Burgawz.

Bigliel, (Ta.): kleiner Trog, aus rätisch begl, bügl, Trog.

Boden, (Tr.): das deutsche Boden.

Bostg, (D.): Ort, wo viel Gebüsch und Berggras wächst.

Bova gronda, (D., Tr.): rom. bova = Erdschlipf, Erdrutsch, Rüffe; grond, gronda = gross.

Brida, Sta, (Ta., Tr.,) hl. Brigitta.

Brit, Lac, (D.): Seelein im obern St. Placital, nördlich von Disentis. Brit vielleicht zusammenzustellen mit dem freiburgischen Lac de Bret (urk. Bret, Bryt 1335) bré, brai, bret-sauce liquide d'un mets, Bouillon, marécage (Gatschet.)

Bual (Sch.): Emdweide, Weide.

Bugliadera, (Tr.): rom. la buglia = das Mus.

Bugnei, (Ta.): rom. bugnar (bogna — bugnei) nassmachen, befeuchten. Es wäre also eine feuchte Stelle damit gemeint.

Buora, piz la, (M.): la buora = der Block.

Buretsch, (D.): setzt Buvretsch voraus, Huonder denkt dabei an biberari-iciu, „Tränkstelle" oder an bovar-iciu; Muoth dagegen an boscariçium (Buschwald), das zu Buscaretsch und durch Assimilation zu Buvretsch und Buretsch wurde.

Buzetta, (M.): sollte wahrscheinlich puozetta heissen. Siehe Puozas.

Caduf, (Tr.): auch Geschlechtsname.

Cagion, (S.): ca + Gion = Johann; ca = casa (Heimat, Haus.)

Caglias, las, (S.) la caglia = der Strauch, Busch.
Caglina, (Tr.): caglia = Strauch, Gebüsch.
Caischavedra (D.): rom. vedra = alt, abgenutzt, abgetragen.
Calcogn, (M.): rom. il calcong = die Ferse. (?)
Calmot, Calmut, (Ta.): etwa von calma, calamaria = Strohhütte abzuleiten,
Camalar, (S.): ca (casa) + malarius (Apfelbaum).
Camartgiun, (S.): Haus des Marcus.?
Camischolas, (Ta.): vielleicht casa minutiola oder campscholas = Kleinfeld.
Campliun, (Tr.) von campellus = Kleinfeld.
Camon, (S.): il camon = der Verschluss, kleine Abteilung im Stall; auch Einschlag fürs Kleinvieh.
Campieschas, (S.): campu de bestias = Schaffeld.
Canadal, (Ta.): canna = Rohr, Schilf.
Canals, (Ta.): Kanal, Rinne.
Canariel, (S.) oder Carnaril: Binsenfeld.
Canvals, (Sch.): Hanfäcker.
Caprau, (D.): rom. cà = die Heimat. das Haus, und rom. prau = Feld; casa de pratu (Huonder).
Carera, (D.): Fahrweg.
Carun, careuns, (S.) zu lat. quadrun, Felsblock.
Casa, la, (M.): das Haus, die Heimat.
Casatscha, (M.): das grosse Haus.
Casialas, (S.): kleine Häuser.
Casura, (M.): das obere Haus; auch Geschlechtsname.
Casut, (M.): unteres Haus; auch Geschlechtsname.
Caulta, plaun, (Ta.): casa aulta = hohes Haus.
Cavardiras, (D., S.): rom. cavar = graben, aushöhlen. Cavardiras = Aushöhlung, Loch.
Cavau ping und grond, (S.): kleine und grosse Vertiefung.
Cavilau, (Sch.): vilau = zornig, aufgebracht.
Cavradi, (Ta.): Huonder stellt es zusammen mit Cavardiras und Cavrein. Siehe diese.
Cavrein, Alp,. (D.): rom. il cavrer = der Ziegenhirt.
Cavrida, (S.): rom. cavridar = eine stehende Tanne ihrer Rinde berauben.
Chischle, (Ta.): darin etwa das Wort castellu.

Chischliun, (S.): zu castellionem, Schlosshügel.
Chischnés, (S.): die freistehenden Getreideständer. Korngalgen.
Claus, (D.): rom. il claus = die Hürde, der Pferch.
Clavadi, (S. Ta. Tr.) kleiner Heustall.
Clavau = Heustall.
Clavair, (S.): zum mlt. clavis = Gehege, Verschluss.
Clavaniev (D.): clavau + niev. clavau = Heustall; niev = neu.
Clavau, (D. S. Tr.): Heustall; Clavaus = Heuställe.
Clavau Petschen: Heustall des Petschen.
Cornera, (Ta.): rom. corn = Fels, Bergspitze.
Cotgel, (Tr.); run dil: il cotgel = Kohle; Kohlenreute.
Cotschna, plaun, (Ta.): rote Ebene.
Crap, val dil; Alp de crap ner, (D., S.): rom. crap = Stein; ner = schwarz.
Crest, il, (M., Sch.): der Hügel, die kleine Erhöhung.
Crest de crusch: Kreuzhügel.
Crestatsch, (Tr.): grosser Hügel.
Cristallina, val, (M.): das Krystallental.
Crunas, las, (M.): die Kronen.
Crusch, sut und sura (M.): unteres und oberes Kreuz.
Cua, (S.): Schwanz, Schweif, Anhängsel.
Cugn, (D.): rom. (ladinisch) cugn = Keil.
Culm de plaun grond, (D., Ta., Tr.): culm, cuolm = Berg; plaun = Ebene, Boden.
Culm de Criedi: Criedi = Cariedi = Casa Rudi.
Culmatsch, (Ta.): grosser Culm.
Cumadi, pleu, (S.): Sumpf bei den Lagerplätzchen.
Cunnel, (D.): Cuna = Mulde, Schlucht, Bach, Berg (Buck).
Cuolmett, (S.): kl. Gipfel, Berg.
Cuoz oder Cuets (D.): Lautlich würde cotes oder cotiu gut passen. (Huonder).
Curschellas (S.): aus cohorticella, kleiner Viehhof.
Curtin pagaun, (Tr.): Heiden Garten.
Curtinatsch, (S.): grosser Baumgarten.
Cultira nauscha, (Sch.): cultira = das angebaute Land; nausch, nauscha = böse, arg, schlecht, abgenützt.
Cultira su und sut, (Sch.): oberes und unteres Pflanzland.

Dacletta, (M.): ad + acletta.
Dandengiels, (S.): de-intes-alneolos = in den kleinen Erlen?
Dardin, Dardins, (S.): d'Ardin, urk. Ardona.
Dariuns, d'arliuns, (S.): kleine Äcker.?
Dieni, (T.): Tönishof.
Disentis, (D): Disertina 1300, Tisentis 1319, Disertinae 1339, Dissentis 1339 und 1343. — 766 urk. Desertina; coenobium desertinense 846. Gar nicht oder wenig bebaute Gegend.
Disla, (D.): de insula.
Devon portas, (Sch.) vor den Türen, Eingängen.
Draus val, (M., Tr.): rom. il draus = die Alpen- oder Weisserle.
Draus, Alp.
Dulezzi, (Tr.): gehört der Kirche; Tollities, ein der Kirche dargebrachtes Stück Land.
Durschei, Durschis, Duscherei, (M.)
Drun, (Ta., Tr.): siehe Truns.
Encarden, lai d', (M. S.): rom. ilg encarden = die Ecke, der Winkel; lai = lac = See.
Encardens: eingehegtes Grundstück.
Fallas, plaun de, (D., S.): rom. falla = Betrug, Falle.
Fallscharidas su und sut, (D.): wahrscheinlich für Faltschadiras, falce-aturas. (Huonder).
Fanils, (Sch., S., Tr.): faenum, foenum = Heu; faenile, fenil = Heuschopf; rom. faner, fanill.
Fontanei, (D., M., S.): mit dem rom. Fontauna, Brunnen, Quelle zusammenhängend. Bei Schneller ['94, S. 5] ein Ort Fontneit.
Fontauna: Brunnen, Quelle.
Fontanatscha: grosser Brunnen, grosse Quelle.
Fontanetta: kleiner Brunnen.
Fontauna sut: unterer Brunnen.
Fonteuna freida: kalter Brunnen.
Foppas las-de mun, (D., S., Tr.): foppe = hohle Stelle, Mulde, Vertiefung: il munn = der Berg, Haufe.
Foppa, Fopetta: Grube; kleine Grube.
Fravi, pleun, (S,): Schmiedboden.
Frust grond, (S.): das grosse Stück. Frust lusè: rom. il lussè = der Ahl-, Taubenkirschbaum.

Funs, (D.): rom. funz = der Boden, das Feld, oder auch funs = fontes oder fundus.
Furcla, (Ta.) Bergeinsattelung.
Fuorcla de Lavaz, (M.): rom. furcla = Bergeinsattelung; la lavazza = Wiesenmelde, Gänsefuss.
Fuorns, (M.): il fuorn = der Backofen.
Gaglia nera, piz, (M.): gailg, gaglia = gefleckt; schwarz gefleckter Berggipfel.
Gall, St. (M.): hl. Gallus.
Garvera, (S.): Rüfenrunst.
Giendusas, Piz, (D.)
Giachentrina, (S.): Giachen (Jakob) + Trina (Katharina).
Gion, St., (M.): St. Johann.
Git, (Ta.): rom. git = spitzig, schneidig, zugespitzt.
Giu ca trot, (S.): giu = unter; ca = Haus; trot = ?
Giuv, (Ta.): das Joch.
Gliems, Piz, (S.): la gliema = die Feile.
Glitchè, sut, (S.): unter dem Eis.
Gonda, (Sch., S.): Felsenschutt.
Gravas, (Tr.): Kieselsteine.
Grep tschietschen, (Tr.): il grep = der Fels.
Igniu, (S.): Erlenwald. [?]
Laiez, (M.): Seelein.
Larschella, (S.): zum lat. argilla = Thon. [?]
Madernal, (D.): oder Badernal; vielleicht zu pratum.
Medels, (M.): Gatschet bringt es mit einem verschwundenen bündnerisch-oberländischen Dialektwort medel zusammen, das auf mlt. meiteria zurückgehe. Die Bedeutung sei Senn-, Alphütte. Buck glaubt, es habe früher wohl Medulus gelautet.
Maria Sta, (M.): Hospiz auf dem Lukmanier.
Maigels, (Ta.): bei Götzinger ein Maig, Stelle, wo im Monat Mai Weide stattfindet; örtlich maige = im Mai weiden, zu rom. maig = Mai.
Masauna, val., (M.): wahrscheinlich malsauna = ungesund.
Meidia marscha, (M.): rom. la meidia = pyramidenartiger Wildheuhaufen; marsch, marscha = faul, verwest.
Mellen, plaun, (D.): rom. melen = gelb.

Miez (Ta.): die Mitte, das Mittel.

Milar, (Ta.): einst ein bedeutender Hof, jetzt Milà, eine Alp nebst Maiensäss, urk. Mueler und Moler, vielleicht Mühlentobel.

Mirade la-puoz, (S.): die grosse Brunnenmauer.

Mises, (Ta.): Maiensäss, Maisitz.

Mistral, pleun, (S.): Ammannsebene.

Montatsch, crest, (D.): montatsch = grosser Berg; rom. crest = Hügel.

Muletg la Greina, (S.): il muletg = der Alphüttenplatz, Ruheplatz des Alpviehes; greina vielleicht crena = Einschnitt.

Mulin, Val mulina, (M., S., Ta.): Mühle,

Mulin, acla: Mühlengut.

Mulins, die Mühlen.

Mulinars, (S.): abgebrannte Mühle.

Mulineum, val, (S.): Mühlenthal.

Mun su und sut, (D.): rom. munn = Berg, Haufe; su = ober, sut = unter.

Munt, Alp, (Tr.): Bergalp.

Munt dado und dadens: äusserer und innerer Berg.

Munderschei, (M.): mundar = säubern, reinigen, z. B. die Wiesen.

Muotta, la, (M.): rom. muota = runde Erhöhung, Bergkuppe.

Mureun, (S.): zu l. murus = Mauer.

Murins, (D.): vielleicht mit murus = Mauer zusammenhängend. Es kommen folgende Variationen vor: Muriz, Murizin, Murez, Muritsch.

Muscheins (Tr.): rom. musch = feucht.

Mustér, (D., S.): der rom. Name für Disentis, geht auf monasterium, Kloster, zurück.

Mustreins, (S.): zu mustér.

Mutschnengia (M.): ursp, deutsch mit der Endung ingen.

Nacla (Ta.): in acla.

Nalps, (Ta.): in alps.

Nislas, (Ta.): in islas.

Nauschtgel, (S.): nausch = böse, abgenützt.

Nurschai, Nurschallas, (Ta.): wahrscheinlich vom rom. la nuorsa = das Schaf abzuleiten.

Palïus, las, (D., M., Sch.): rom. la paliú = der Sumpf, Pfuhl, die Pfütze.
Paliudultscha, (Ta.): süsser Sumpf.
Parde, pardi, (M., Ta.): Pradi, prada, Wiese.
Pardomet, (D.): pratu de + der Name der in Ems, rom. Dómet steckt. 766 in Amede, 969 in Amades, im 12. Jahrhundert in Amates, 1232 Emides, 1288 Emdes etc.
Patleunas las, (S.): la patlauna, der Plattkuchen.
Peinzas dado und dadens (M.): la peinza = die Zange.
Peisel, urk. Peselium (D.): Phiesel, Peisel (im 17. Jahrhundert): peizel = pensile. [?]
Perapuotz, (S., Tr.): la pera = die Birne; il puoz = die Grube, Lache, der Wasserbehälter in der Erde.
Perdatsch, (S., Ta.): grosse Wiese, pratum + atsch, aceus.
Pindaslas (Tr.): die Streifen.
Pistira, (S.): die Allmend, Gemeindeweide.
Piz ner (Ta.): schwarze Bergkuppe.
Planatsch, (S., Tr.): grosse Ebene.
Planezias (S.): zu l. planitias, Ebenen.
Plaun grond, (D., S., Ta.): grosse Ebene.
Plaun de crusch: Kreuzebene.
Plaun de punn: Brückenebene; Ebene bei der Brücke.
Plaun miez.
Plaunca biala, (Ta.): schöne Halde.
Platta, (M., Tr.): ebene Fläche, Platta nera = schwarze Ebene.
Pleunca, (S.) plaunca: Halde.
Pleunet (S.): kleine Ebene.
Portas, (S.): Türen, Eingänge.
Pradas, las, (S., Tr.): la prada = angebautes Stück Land, Wiese.
Prada: die Wiese.
Prada magra: die magere, schlechte Wiese.
Prau ping, (D., Sch., Tr.): kleines Feld.
Prau liung: lange Wiese, Feld.
Prauet, (Tr.): kleines Feld.
Preit, (D.): rom. la preit = die Wand, la preit-crapp = die Felswand.
Preuet, val, (D.): mit prau zusammenhängend.

Pun, Punn, (M.): die Brücke.
Puozas, (Ta.): die Gruben.
Quadras, (S., Tr.): viereckige Aecker.
Quolm, (Ta.): Berg.
Ragisch, (D.): rom. la ragisch = die Wurzel.
Razeil, (Sch.): In den rom. Bachnamen finden sich die Stämme ri, riv, rui, rei, ru, ro und auch ra. Bei Schneller finden sich auch die verwandten Formen Razilg, Ratzill, Radzigl, Ratzoll, Rizol und Rizail.
Reufla, (S., Tr.): schlechtes, unebenes Feldstück.
Rensch, (Tr.): il rensch = der Gulden.
Rieven, (D.): rom. il rieven = die unebene, rauhe Fläche, der Rain.
Rivas, (Ta.): Ufer.
Ruinas, (D., M., S.): rom. la ruina = der Einsturz, Fall.
Ruèras, (Ta.) Ravèras, (D.): Rüffe, Erdschlipf.
Ruinatsch, (Ta.): grosser Einsturz, Ruine.
Run foppa, (D., Ta.): rom. il runn = urbargemachtes Land, Reute.
Runcalatsch, (S.): zu runn, runc = Reute, Rodung, grosse Reute.
Runcaglia, (S., Tr.): mit runc, Reute zusammenhängend.
Runcahetz, (S.): ebenfalls mit runc zusammenhängend.
Runtgett, (Ta., Tr.): kleine Reute.
Runnè, (S.): la runa = die Runst; runar = nachschleppen.
Runs, Runns, (S.): Reuten.
Rupleun, (S.): runc pleun = ebene Reute.
Rusein, Alp, (D.): Buck erwähnt ein Rutzein, das er von arrogium = Bach ableitet.
Rusna de bos, (S.): Ochsenloch.
Sax, (Ta.): Fels, daher der Name Desax.
Salom, (S.): Hofstätte.
Santeri, davos, (S.): vor dem Kirchhof.
Scaleglia, (D.): Ort am Vorderrhein, wo Talkstein gebrochen wird zu Oefen; rom. scaleilg = der Lawez-, Talk-, Speckstein.
Scaleta, (S.): zu l. scala, Treppe.
Scatlès, (S.): scatla = Schachtel, Büchse.

Scheggia, Alp, (M.): schetga = Bannwald.
Schigiels pleun, (S.): Ebene der kleinen Dürren.
Schetga, la-sur Disla, (D.): rom. la tschetga, schetga = der Bannwald über Disla.
Schlans, (Sch.): nach Buck vom lat. silanus = Röhrbrunnen abgeleitet; urk. Selauno 766; Silauns, Silaune, Selaunis 1270; Sellaunes 1275; Slaunis 1258, Slauns; nach Muoth von sella, Sattel, oder Nebenhof (cella), Sellans.
Sedrun, (Ta.): aus igl drun, sugl drun, sudrun, d. h. am Bache gelegen, entstanden.
Segnes, Segnas, (D.): vom mlt. sagna = Riedgras (Gatschet), nach Huonder Segna aus signa + s entstanden.
Seifs sut, (Ta.): untere Zäune.
Selva, (Ta.): Wald.
Senteri, (M.): Friedhof.
Serein, Lac, (D.): lacus serenus = klarer, heiterer See.
Sgalatscha, (Tr.): grosse Treppe, Leiter. (scala.)
Siarra, Siara, (Ta.): rom. la siara = das Schloss, der Verschluss.
Sils umens,)D.): sil = auf dem; umenum = grosse Mann.
Siltginas, (S.): rom. siltgar = pflastern, bekiesen.
Splegs, (Tr.): rom. splegar = ablösen, abwickeln, sich lösen.
Stagias, (M.): la stagia = der Stickel, Pfahl.
Stavel: Staffel, Sammel- und Ruheplatz des Alpenviehes.
Stavel crap, (M. S. Ta.): Stavel = Staffel; crap = Stein.
Stavelatsch, (M.): grosser Staffel.
Stavlets, (S.): kleine Staffel.
Sulums, sut, (S.): sulom = Bauplatz, Grund.
Sum il vitg, (S.): sum = zu oberst; il vitg = das Dorf (vicus).
Sumaglina, (Sch.): summa bezeichnet nach Schneller die oberste Lage; rom. il glin = der Flachs. Würde also etwa die Stelle bezeichnen, wo der oberste Flachs gepflanzt wird.
Sumpraus, (Ta.): die obersten Felder.
Sumrieven, (S.): rieven = unebene, rauhe Halde.
Sumval, (Ta.): siehe Sumpraus.
Sumvix, Somvix, (S.) = sum il vitg.
Suorden, val, (Tr.): suord = harthörig.

Surrhein, (Ta.): über dem Rhein.

Suschnas, (Tr.): suschna = bedachte, offene Holzniederlage, der Verschlag, das Schutzdach.

Tavetsch, (D., Ta.): siehe Tujetsch.

Tegia nova, plaun, (D., M.): tegia = Berg-, Alphütte.

Tegliola, (Ta.): mit tegia = Hütte, Sennhütte zusammenhängend.

Tgiern, (M.): il tgir = Haut des Grossviehes.

Tiarms, (Ta.): die Marksteine.

Tiraun, (Tr.): der Tyrann.

Toma [See], (Ta.): Gatschet ist der Ansicht, der See habe den Namen von den ihn umgebenden rundlichen Hügeln, tom = Hügel, vom lat. tumulus oder dessen Urwort tumus.

Truaisch, (M.): der Speicher, Gaden, kleiner Anbau zum Aufbewahren verschiedenen Vorrates.

Trun, Truns, (Tr.): rom. drun = Bach, Wildbach; bezeichnet die Lage dieses Ortes an dem Rinnsal des wilden Bergbaches, der sich von den Höhen des Tödibergstockes durch das Puntagliastal nach dem Rhein herabzieht.

Tschalès, pleun, (S.): Kellerboden aus planum cellarios; rom. il tschellè = der Keller.

Tschamutt, (S., Ta.): Schamuot, z' Mutt, Zemutt = am Berg; Mutt und Muoth = Bergkopf, Kuppe, Kapf.

Tschenelinas (Ta.): zu cingulum oder canalis. [?]

Tscheps, (M., S.): il tschep = der Stamm, kurzes dickes Holzstück (cippus).

Tujals, (Sch.): vielleicht mit Tyal, Tuval, Toveno, Tovelo, Tovo = Tobel zusammenzubringen.

Tujetsch, Tavetsch, (D., Ta.): urk. Tivez. Thivethz. Gatschet führt es auf tegia (siehe dieses) zurück. Zacc. Pallioppi leitet es vom kelt. diwez = Grenze her.

Tuor, (M., S., Tr.): Turm.

Uaul: rom. ilg uaul = der Wald.

Uaul dadens pradas (Sch. Ta.): Wald innerhalb Wiesen.

Uffiern, ilg, (D., M.): die Hölle.

Ugliauls, (Tr.): rom ugliar = stacheln, anregen.

Uldeuna, (S.): zu uault = Wald; uldeuna = Waldfee.

Urticlas, (S.): die Brennesseln.

Val blaua, (Tr.): blaues Tal.
Valar, (Sch.): zu rom. il valla = grüne, triftige Vertiefung auf Wiesen und Weiden.
Valentin, prau, (Tr.): Feld des Valentin.
Vals, denter, (M.): zwischen Tälern.
Venzin, plaun, (Ta.): Ebene des Venzin.
Via lada, (M.) = breite Strasse. Es ist die alte Oberalpstrasse gemeint.
Vial, piz, (M.): il vial = der Fussweg.
.Vitgira, (M.): la vitgira = das Fahrgut, Fuhrwerk.
Walatscha, Valatscha, (M.): grosses Tal.
Zavragia, (Tr.): rom. zavrar = scheiden.

Geschlechtsnamen im Kreis Disentis.

Wie die Ortsnamen, so besitzen auch die Geschlechtsnamen immer eine gewisse Bedeutung. Dabei behalten sie mit grosser Zähigkeit ihre alten Formen bei, wenn auch die Sprache grosse Wandlungen durchmacht, und werden mit der Zeit ganz unverständlich; sie sinken zu blossen Zeichen herab. Für einige Bündner Geschlechtsnamen hat Muoth eine Erklärung gegeben.

In der Gemeinde Disentis habe ich die Namen dem Civilstandsregister für die Jahre 1838—64 und 1876—79 entnommen. Das Verzeichnis bezieht sich auf die Verstorbenen der obigen 30 Jahre, sowohl Bürger wie Nichtbürger. Um ein Bild von der Häufigkeit des Vorkommens zu geben, habe ich die Namen nicht alphabetisch geordnet, sondern nach der Anzahl der Fälle, wie sie mir begegneten und wie es die beigefügte Zahl angibt.

Die Schreibweise ist dieselbe, wie ich sie in den Civilstandsregistern fand.

60 Huonder; 49 Mon, Monn (Armon, Hermann); 45 Berther, 34 Maissen; 32 Deflorin, de Florin, Deflurin; 27 Desax, De Sax, 24 Schuoler; 23 Genelin, Gienelin; 23 Jacumet, Jacomet, Giacumet; 20 Durgiai (von Ulricus, Ulrigalli, Urigail, Urigai, d'Urigai); 20 Simonet, Simonett; 17 Schmid; 16 Bisculm, Biscuolm, Bis-

quolm; 15 Manetsch, Manitsch; 13 Albin; 12 Condrau (Cunray, Corai, von Conradus); 12 Decurtins, de Curtins; 10 Andrinet, Andriuett, Bigliel, Lutz, Luz, Schmet, Smet (gleich Schmid); 9 Capeder (Casa + Peter), Cumanel, ell, il, igl, Nutt, t, th, (Nott = Otto), Venzin, Candinas, Castelberg (de), Friberg (Freiberg), Stiefenhofer, ff, Vincenz, Vincens; 7 Beer, Deragisch, de Ragisch (ragisch = Wurzel), Riedi (Rudi, Rudolf), Tschuor; 6 Bundi, Colomberg, ll, lu, Fri, Gadola, Hosang, Steri, Tener. (Tenner); 5 Andreoli (Andrioli), Carigiet, Flep (Flepp, Flip von Philippus), Giger, Sac; 4 Calivers, Disch (Dionysius), Forster,. Rotmund, th, Vert, th (Wert, Wirt); 3 Casaulta (casa aulta = hohes Haus), Decrap, de Crap (vom Stein), Durschei (siehe Durgiai), Rudolf, Schwarz (Schvarz), Steger, Ttetgel, Zanetti; 2 Cabernard (casa + Bernhard), Caduf, ff, (duf = Adolf oder Rudolf?), Cajachen, Cagiachen (casa + Giachen = Jakob), Caplazi (casa + Placidus), Degonda (gonda = Schutthalde), Foppa (Grube), Muoth, Soliva, Tschupina, Valier, Vallier; 1 Agosti, Bearth (Adelbert), Baschini, Brem, Bren, Cahenni, Cahensli (casa + Hänsli), Capaul (casa + Paul), Cagienard, Cavelti, Caveng (Cavegn = casa + Viventius, Vivegn), Caviezel (casa + Wetzel), Clanett, Curschellas, Derungs, Drechsel, Engi, Ferrari, Gruber, Hendri, Item, Lechmann, Lenz, Livers, Menz, Pitschen, Risch, Sialm, Truaisch, Turtè, Ubin, Valker (Walker).

Bürgernamen im Tavetsch: Berther, Beer, Biart, Brugger, Caduff, Cavegn, Curschellas, Decurtins, Deflorin, Deplatz, Deragisch, Gieriet, Giossi, Hendri, Hitz, Huonder, Jacumet, Loretz, Monn (im Tavetsch das stärkste Geschlecht), Muggli, Pally, Peder, Riedi, Soliva, Schmidt, Sievi, Vallier, Wenzin, Werth, Zanetti.

Bürgernamen im Medels: Beart, Beeli, Bundi, Gieriet, Gigier (Giger), Giossi, Lutz, Palli (Paly), Truaisch, Tschuor, Wenzin.

Bürgernamen in Somvix: Albin, Allig, Arpagaus, Baselgia, Bass (Baas), Beer, Berther, Bertossa, Bearth, Biscuolm, Bundi, Cagenard, Cahanes, Cajakob, Caliesch, Camenisch, Candinas, Capaul, Caplazi, Cargiet, Castelberg, Cathomas, Hetz, Lechmann, Lombris (ser), Lutz, Maissen, Mathiuet, Mon, Paly, Pfeifer, Plaziet, Riedi, Rieg, Schlanser, Schmedt, (Schmed, Schmid),

Schnoz, Schuoler, Seeli, Silvani, Siath, Spazin, Steiner, Suliva, Tgetgel, Truaisch, Tschuor, Tschupina, Tuor, Walier, Wenzin, Werth, Wieland, Winzens, Wolf.

Bürgernamen in Truns: Agosti, Albin, Albrecht, Allig, Balletta, Belli (Bell), Berther, Bundi, Cagenard, Caliesch, Camenisch (casa + Dominicus), Capaul, (Capol, Capoll), Caplazi, Careget, Casanova, Cuntrin, Curschellas, Caduff, Decurtins, Defuns, Demont, De Rungs, Durgiai, Flep, Fontana, Frisch, Flury, Foen, Genelin, Giger, Huonder, Job, Livers, Lumbris (die älteste Schreibart ist Lumbryser, dann folgen Lombris, Lumvris, de Lumbareno, von Lumbrein, Lumbriser und Lombarus), Maissen (das älteste dokumentirte Geschlecht in Truns ist Meissen, später auch Mayssen geschrieben), Nay, Padrett (richtiger Pedretti), Pajarola, Pytasch, Janot, Janyk, Quinter, Rensch, Rothmund, Sags, Schwarz, Soliva, Spescha (im Urbar der Gemeinde Truns aus der Mitte des 15. Jahrhunderts Spoescha geschrieben), Stivet, Tgetgel, Tschuor, Tomaschett (frühere Schreibart Tumaisett), Tambornino. Vincenz, Voncristen.

Bürgernamen in Schlans: Caduff, Gadola, Pajarola, Petschen, Pfister, Rothmund, Vincenz.

Bürgernamen in Brigels: Ballet (Balet), Beeli, Beer, Berther, Baroggi (Barocki), Baselgia, Caduff, Cadurisch, Cagianott (Cagianut), Cabiallavetta (Cabialaveta, Cargiet (Carigiet), Cahannes, Cahans, Cavegn (Caveign), Catumasch (casa + Thomas), Capaul, Caplazi, Caglezi, Camartin, Cabernard, Casanova, Camichel, Capetschen, Chomen, Condrau, Cathomen, Darms, Decurtins, Deflorin, Defons, Degonda, De Latour, Derungs, Durischet, Desax, Eggler, Fazendin, Friberg. Fri, Fink, Genelin, Gieriet, Giger, Hermann, Hitz, Lenz, Livers, Maissen, Muoth, Pleunca, Petschen, Nai, Riedi, Stivet, Seiler, Schlosser, Schuoler (Schualer), Tenner, Tgeitgel, Tuor, Weber, Wirt, Zoller.

Personennamen.

Bei einem kurzen Ueberblick sieht man, dass die grösste Anzahl der Personennamen Namen von katholischen Kirchenheiligen sind, so besonders der beiden Ortsheiligen Placidus und

Sigisbert. Ich habe die folgenden Namen dem Totenregister der Gemeinde Disentis für die Jahre 1876 bis 1885 entnommen. Die beigefügten Zahlen bedeuten die Häufikeit des Vorkommens. In Klammern ist hie und da die romanische Schreibart der Namen beigefügt.

Männernamen: 1 Adalbert, 3 Alfons, 5 Alois, 1 Andreas, 1 Bartholome, 4 Baselius (Baseli), 2 Benedikt (Benedetg), 1 Bernard, 1 Blasius, 2 Carl, 2 Caspar, 8 Christian (Rest), 1 Christoffel, 1 Clemens, 2 Conrad, 1 Conradin, 1 Cyprian, 1 Emanuel, 1 Felix, 19 Fidel, 1 Florentin, 1 Friedrich, 2 Georg, 1 Heinrich, 1 Ildefons, 12 Jakob (Giachen), 24 Johann (Gion), 13 Johann Baptist, 30 Joseph, 6 Joseph Maria, 2 Leonhard, 2 Liberat, 2 Lorenz, 2 Lucius, 5 Ludwig, 3 Martin, 2 Matthias, 1 Michael, 1 Michel, 1 Modest, 4 Nicolaus (Clau), 2 Paul, 3 Peter, 10 Placidus, 1 Rocus, 2 Sebastian, 8 Sigisbert, 1 Simon, 4 Thomas, 2 Ursasin, 1 Valentin, 3 Vigelius, 1 Viktor, 2 Vincenz, 1 Wilhelm. — Die häufigsten Kombinationen sind Johann-Joseph, Fidel-Anton und Joseph-Anton.

Frauennamen: 4 Agatha, 28 Anna (Onna), 1 Artha, 1 Augustina, 21 Barbara, 3 Benedikta, 2 Bologna, 4 Brighitta (Brida), 2 Cäcilia, 3 Carmelia, 30 Catharina, 8 Christina, 1 Colastia, 14 Crescenzia, 2 Domenia, 2 Dorothea (Turtè), 10 Elisabeth, 1 Eva, 2 Filomena, 6 Genoveva (Veva), 1 Josepha, 1 Julia (Gielgia), 1 Juliana, 1 Julita, 3 Liberata, 11 Lucia, 2 Ludwica, 5 Magdalena, 19 Margaretha (Gretta, Getta), 123 Maria, 1 Marina, 4 Martha, 1 Mathilde, 1 Mierta, 5 Monika (Mengia), 1 Paulina, 14 Rosa und Rosalia, 1 Sabina, 1 Sofia, 6 Theresia, 13 Ursula (Ursla), 1 Valentina. — Sehr häufig ist die Kombination Anna-Maria.

B. Statistisches.

Bevölkerungszahl.

Bis zum Beginn des 19. Jahrhunders herrschten über den Kanton Graubünden bezüglich dessen Bevölkerungszahl alle möglichen Vorstellungen. Die erste genauere Volkszählung fand im Jahre 1803 statt.[1]) Sie war eine private, mag aber ziemlich der Wirklichkeit entsprechen, was aus einer Vergleichung der Resultate derselben mit denjenigen einer zweiten privaten Zählung im selben Jahrzehnt hervorgeht. „Die erste offizielle Volkszählung in Graubünden wurde im Jahre 1808 vorgenommen. Da ihr Zweck aber war, die Verteilung der für die französischen Auxiliartruppen zu stellende Mannschaft festzusetzen, lag die Versuchung nahe, die Bevölkerungszahlen möglichst niedrig zu halten, ein Kniff, den wirklich manche Gegenden, namentlich die ausgesprochen franzosenfeindlichen, angewandt zu haben scheinen.“ Deshalb weisen in nachstehender Tabelle die Zahlen von 1808 einen so starken Rückgang gegenüber 1803 auf.

Eine neue Volkszählung fand 1835 statt. Doch sind deren Resultate zu hoch, denn es sind viele Bewohner doppelt gezählt, da der gewählte Zählmodus ein sehr unglücklicher war. Die folgenden Zählungen waren dann viel genauer. Ich wählte in folgender Tabelle zum Vergleich die Zahl der ortsanwesenden Bevölkerung, da auch nur für sie genaue Angaben über Geschlecht, Familienstand, Muttersprache u. s. w. existiren. Die Zahlen vom 18./23. März 1850 entnehme ich dem Bündner Monatsblatt von 1850, die von 1860 bis 1888 den jeweiligen Veröffentlichungen des eidgenössischen statistischen Bureau in Bern und die geprüften Hauptzahlen vom 1. Dezember 1900 verdanke ich der Güte des Herrn S. Meisser, Staatsarchivar in Chur.

Zählung des Jahres	Brigels	Disentis	Medels	Schlans	Somvix	Tavetsch	Truns	Total des Kreises Disentis
1803	1030	1040	610	130	1420	900	800	5930
1808	900	943	610	86	1050	900	825	5314
1835	1241	1436	730	112	1411	1121	1048	7099
1850	1086	1260	609	169	1353	979	1047	6503
1860	905	1224	560	159	1318	863	893	5922
1870	888	1364	596	186	1181	844	895	5954
1880	880	1304	561	179	1235	784	956	5899
1888	846	1329	527	184	1169	768	980	5803
1900	863	1355	537	174	1202	808	965	5904

[1]) Jecklin, C. Die ersten Volkszählungen in Graubünden. Bündnerisches Monatsblatt, Chur 1901, S. 189 und ff.

Der Vergleich obiger Zahlen zeigt für den Kreis Disentis eine starke Bevölkerungsabnahme seit den ersten sicheren Erhebungen um die Mitte des Jahrhunderts. Fragt man nach der Ursache desselben, so findet man sie zum Teil in einer starken Auswanderung aus unsern Gebieten, die wiederum ihren Grund in der ungünstigen Lage der Landwirtschaft hat. (Sartorius von Waltershausen, 1900, S. 388 u. ff.) So sind nach dem Bündner Monatsblatt 1854, S. 91, im Jahre 1854 allein aus dem Kreise Disentis 145 Personen ausgewandert. Nach der letzten Volkszählung geschlossen, scheinen sich die Verhältnisse wieder ein wenig bessern zu wollen.

Heiratsfrequenz und Heiratsalter.

Montesquieu's Ausspruch: „Partout où il se trouve une place où deux personnes peuvent vivre commodément, il se fait un mariage", und Engel's: „Die Heiratsfrequenz ist ein sehr empfindliches Barometer der Hoffnungen und Erwartungen, welche die grosse Masse der Bevölkerung von der Zukunft hat", weisen deutlich darauf hin, dass die Zahl der Eheschliessungen in einem Landesteile vor allem abhängig sind von den Existenzbedingungen die sich vorfinden. Ebenso hängt hievon zum grossen Teil der Zeitpunkt ab, in dem die meisten Ehen geschlossen werden, ob früh oder spät, und hievon auch wieder die Zahl der stehenden Ehen. Wo die ehelichen Verbindungen durchschnittlich länger dauern, bedarf es bei einer Bevölkerung weniger Trauungen, um die Proportion der stehenden Ehen konstant zu erhalten. Hiezu kommt noch, dass, wo die mittlere Lebensdauer eine lange, auch die Dauer der Ehen verlängert wird.

Bei meinen Beobachtungen über diese Verhältnisse beschränkte ich mich auf die Gemeinde Disentis. Diese liegt ungefähr in der Mitte des ganzen Kreises; ebenso sind die Erwerbsverhältnisse die gleichen, wie für die andern sechs Gemeinden, was auch gesundheitlich so ziemlich der Fall sein dürfte. Was also für Disentis gilt, wird auch in den andern Gemeinden keine grossen Abweichungen zeigen, da es sich ja zudem nur um ein kleines Gebiet handelt.

Die Beobachtungen erstrecken sich auf die Jahre 1838 bis 1897, also über deren 60. Vom Civilstandsbeamten in Disentis war mir gütigst erlaubt worden, in seiner Wohnung Einsicht zu nehmen von den Civilstandsregistern der Gemeinde und die diesbezüglichen Notizen zu machen.

In der Gemeinde Disentis wurden in den obigen 60 Jahren 459 Ehen geschlossen. Nehme ich als Mittel der Bevölkerungszahl diejenige von 1300 Seelen, so ergibt sich jährlich eine Eheschliessung auf 171 Einwohner. Gisi[1]) gibt als Mittel für die Eidgenossenschaft (21 Kantone, Jahre 1850—1864) eine Ehe auf 141 Bewohner an. So kommt Disentis ziemlich unter das eidgenössische Mittel zu stehen. Als Kanton mit grösster Heiratsfrequenz findet sich dort Glarus angegeben, eine Ehe auf 99 Bewohner und als Kanton mit kleinster Heiratsfrequenz Baselstadt, eine Ehe auf 229 Einwohner. Leider fehlt Graubünden in Gisi's Tabelle. Etwas schwankend, und zwar nicht parallel der Zu- oder Abnahme der Bevölkerung, war die Zahl der Eheschliessungen während den 6 Jahrzehnten, die meine Beobachtungen umfassen.

1838—1847	wurden	6	Ehen	geschlossen	per	Jahr.
1848—1857	"	5	"	"	"	"
1858—1867	"	9	"	"	"	"
1868—1877	"	11	"	"	"	"
1878—1887	"	7	"	"	"	"
1888—1897	"	7	"	"	"	"

Die Zahl der Heiraten stieg von 5 bis über das Doppelte und sank wieder auf 7 und 8. Diese Schwankungen werden hauptsächlich zu erklären sein durch irgend welche gesetzgeberische Neuerungen, wie sie Gisi ('68, S. 93 u. ff.) für andere Kantone angibt, ferner durch wirtschaftliche Verhältnisse und durch Veränderungen in der Zahl besonders der heiratsfähigen Bevölkerung.[2])

Was das Heiratsalter anbetrifft, so wird nach vielfach gemachten Beobachtungen in industriellen Gegenden im Allgemeinen früher geheiratet, als in landwirtschaftlichen und hier heiraten die Eigentümer wieder später, als die Pächter und Taglöhner.

---

[1]) Gisi, W. Die Bevölkerungsstatistik der schweiz. Eidgenossenschaft nnd ihrer Kantone. Aarau 1868. S. 93.

[2]) Die Ehe in der schweizerischen Bevölkerung während der 20 Jahre 1871--1890. Schweizerische Statistik; 103. Lieferung. Bern 1895.

Die männliche Stadtbevölkerung wiederum heiratet bedeutend früher, als die männliche Landbevölkerung; beim weiblichen Geschlechte ist der Unterschied weniger gross. Ich gebe hier das Heiratsalter der beiden Geschlechter für die Gemeinde Disentis, also einer rein landwirtschaftlichen Bevölkerung. (Vergleiche auch nebenstehende Tafel.)

	Heiraten im Alter von . . . Jahren									
Alter	18—20	21—25	26—30	31—35	36—40	41—45	46—50	51—55	56—60	61 und mehr
Männer	3	77	145	94	59	43	18	15	2	3
Frauen	30	127	139	82	39	23	12	4	1	2
Total	33	204	284	176	98	66	30	19	3	5

In %

	Heiraten im Alter von . . . Jahren									
Alter	18—20	21—25	26—30	31—35	36—40	41—45	46—50	51—55	56—60	61 und mehr
Männer	0.65	16.77	31.59	20.48	12.85	9.37	3.92	3.27	0.44	0.65
Frauen	6.54	27.67	30.28	17.87	8.50	5.00	2.61	0.87	0.22	0.44

Vor dem 25. Altersjahre ist die Zahl der heiratenden Frauen viel grösser, als die der Männer, sogar fast das Doppelte, 34.2 zu 17.4. Von diesem Alter an kehrt sich das Verhältnis allmählig um. Ganz Ähnliches hat Wirth[1]) für das Jahr 1867 für den ganzen Kanton Graubünden gefunden. Ich gebe seine Resultate, in Prozente umgerechnet, hier wieder.

	Zahl (in %) und Alter der Getrauten im Jahre 1867 (Graub.)								
Alter	—20	21—25	26—30	31—35	36—40	41—45	46—50	51—60	61 -
Männer	2.44	24.21	28.11	19.66	12.51	5.53	3.41	1.95	2.11
Frauen	10.56	35.91	25.84	13.16	8.29	4.55	0.83	0.49	0.33

---

1) Wirth, Max, Allgemeine Beschreibung und Statistik der Schweiz. 3 Bde, Zürich 1871—75.

Heiratsalter in der Gemeinde Disentis
während der Jahre 1838—1897.

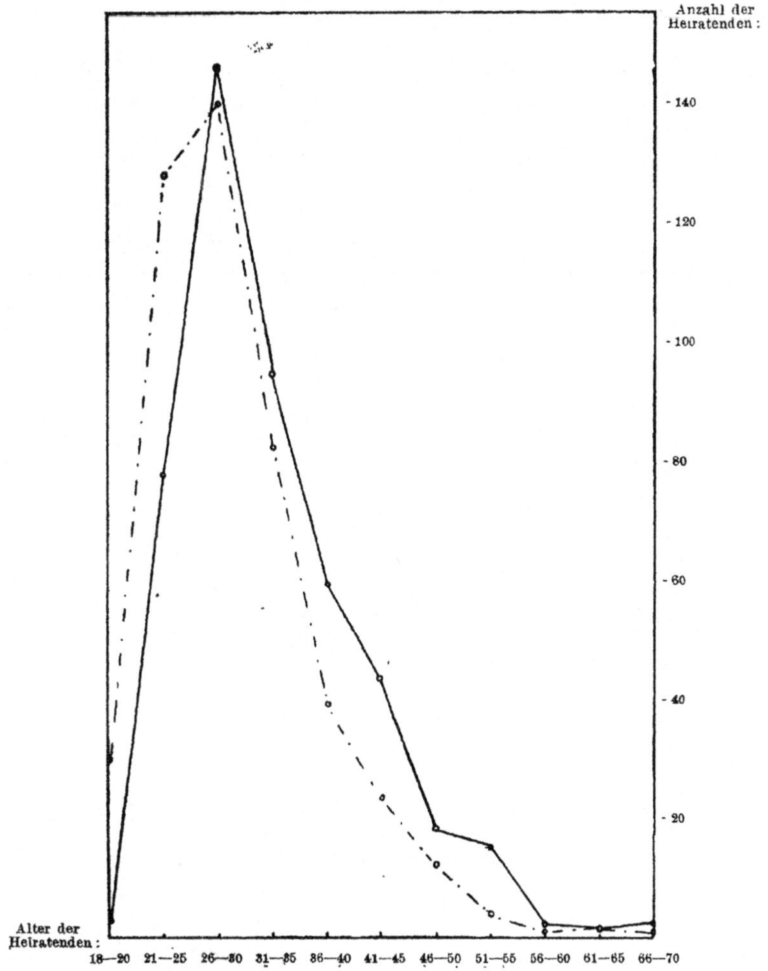

Das mittlere Heiratsalter der Disentiser habe ich berechnet für

die Männer zu 32.75 Jahren
„ Frauen „ 29.56 „

Bei den 459 in Betracht gezogenen Eheschliessungen war

der Mann älter als die Frau 286 mal = 62.3 %
beide waren gleich alt 40 „ = 8.7 %
die Frau älter als der Mann 133 „ = 29.0 %

Das genauere Altersverhältnis der beiden Heiratenden ersieht man am besten aus folgender Zusammenstellung:

		Alter des Mannes									
		—20	21—25	26—30	31—35	36—40	41—45	46—50	51—55	56—60	60 u mehr
Alter der Frau	—20	—	7	16	4	4	—	—	—	—	—
	21—25	1	32	51	24	11	8	1	1	—	—
	26—30	—	22	50	27	21	11	2	3	—	1
	31—35	1	11	17	27	10	9	3	2	—	1
	36—40	—	2	6	8	8	9	4	—	1	—
	41—45	—	1	4	5	1	3	4	5	—	1
	46—50	1	—	1	1	1	1	4	3	—	—
	51—55	—	—	—	1	1	2	—	—	—	—
	56—60	—	—	—	—	—	—	—	—	1	—
	60 u. mehr	—	—	—	1	—	—	—	1	—	—

Sterbefälle.

Die Beobachtungen erstrecken sich wieder auf die 60 Jahre von 1838 bis 1897 und auf die Gemeinde Disentis. Das Durschschnittsalter der Gestorbenen habe ich berechnet, indem ich die Summe der Gestorbenen jeden Altersjahres mit diesem multiplizirte und die Gesamtsumme der verlebten Jahre durch die Summe aller Gestorbenen dividirte. Ich berechnete es getrennt für beide Geschlechter und fand als mittleres Todesalter

für die Männer 39.1 Jahre
„ „ Frauen 43.0 „

Die Männer sterben also im Durchschnitt fast 4 Jahre früher, als die Frauen. Diese grosse Differenz kommt daher, dass dabei auch die im ersten Altersjahr gestorbenen Kinder (mit Ausschluss der Totgebornen) mitgerechnet sind. Nun ist aber allgemein, dass in der frühesten Kindheit die Sterblichkeit der Knaben eine grössere ist, als die der Mädchen. Dadurch wird das mittlere Sterbesalter der Männer gegenüber dem der Frauen stark herabgedrückt. Lasse ich daher diejenigen Kinder ausser Betracht, die das zweite Altersjahr nicht erreicht haben, so wird das Verhältnis ziemlich geändert. Das mittlere Todesalter beträgt dann

für die Männer 49.7 Jahre
„ „ Frauen 51.5 „

Die Verteilung der Sterbefälle auf die verschiedenen Altersstufen und nach dem Geschlecht ist folgende:

	Zurückgelegte Altersjahre und Anzahl der Gestorbenen												
	—1	2—5	6-10	11-20	21-30	31-40	41-50	51-60	61-70	71-80	81-90	91-100	101-
Männer	182	60	32	37	56	43	47	79	113	120	57	5	1
Frauen	139	64	28	25	43	52	66	78	122	138	61	4	—
Total	321	124	60	62	99	95	113	157	235	258	128	9	1

Während der 60 Jahre hat sich das mittlere Sterbealter nicht unwesentlich erhöht, was zwar der Ansicht verschiedener älterer Leute widerspricht, die mir sagten, früher seien die Bewohner der Gegend viel gesunder und kräftiger gewesen.

Nicht ohne Interesse mag es sein, noch die Verteilung der Sterbefälle auf die einzelnen Monate des Jahres kennen zu lernen. Während der 60 Jahre starben im

Januar	132	April	165	Juli	119	Oktober	133
Februar	132	Mai	138	August	148	November	147
März	147	Juni	143	September	136	Dezember	152

Die Maxima finden sich im April und Dezember, das Minimum im Juli. Gisi, ('68, S. 144), fand das Maximum für die Schweiz (Jahre 1850/64) im Monat März und das Minimum im September.

Habe ich in obigen Zeilen gezeigt, dass das Sterbealter der Disentiser ein relativ hohes ist, so kommen als Hauptursachen dabei das gesunde Klima und die Beschäftigung im Freien in Betracht und nicht zum mindesten trägt auch die gute, kräftige und reichliche Nahrung das ihrige zur Gesundheit der Bevölkerung bei.

C. Lebensweise.

1. Nahrung.

Die folgenden Angaben beziehen sich auf den grossen Mittelstand. Tritt man in die Vorratskammer eines Oberländer Bauern und überblickt ein wenig die vorhandenen Lebensmittel, so kommt man zu der Ansicht, dass die Bevölkerung gut lebt. Da finden sich Weizen-, Roggen- und Hafermehl, Bohnen, Birnen, Aepfel und Kirschen, welch letztere auch als besondere Delikatesse ins Brot gebacken werden, ferner Käse, Butter, Milch, Eier, Kraut, Rüben, Kartoffeln, getrocknetes Fleisch alter Kühe und solches von Ziegen und Schafen, alles Lebensmittel, die der Bauer direkt seiner Landwirtschaft verdankt. In neuer Zeit hat auch der Kaffee seinen Einzug in die Gegend gehalten und wird von Alt und Jung sehr häufig getrunken (oft 4 bis 5 mal im Tag), zum grossen Leidwesen einiger Oberländer Bauern, die darin eine Ursache zur Abnahme der Gesundheit und Kraft der Bevölkerung erblicken.

Im Winter gibt es drei und im Sommer bei angestrengter Arbeit fünf Mahlzeiten; viele haben auch das ganze Jahr hindurch deren vier.

1. Das Frühstück: Kaffee (natürlich mit Surrogaten vermischt), gebackene Kartoffeln, Brot (oft Gerstenbrot oder solches aus Gerste und Roggen gemischt), dazu noch etwa Käse oder Butter.
2. De las nov: Um neun Uhr auf dem Felde Kaffee, Brot und Speck oder Käse. Einige Bauern, die ziemlich viel Obst haben, trinken Most statt Kaffee.

3. Das Mittagessen: Suppe, meistens Mehlspeisen (Bizockels, Tatsch oder Buzzani und Capuns; siehe weiter unten), heute auch oft Macaroni. Ein bis drei mal Fleisch in der Woche mit Gemüse. Zu den Mehlspeisen werden meist Früchte genossen.
4. Marenda, Vesperbrot: Um 4 Uhr Kaffee, Brot, getrockneten Speck, Käse oder Butter und wer eigene Bienen hat auch etwa Bienenhonig.
5. Das Nachtessen: Mehlsuppe mit Kirschen oder Gemüse; dazu Kartoffeln, Brot, Zieger oder Käse.

Das Fleisch liefert grösstenteils der eigene Viehstand. Jeder Bauer schlachtet im Winter etwa ein bis zwei Schweine und zwei bis drei Schafe oder Ziegen; dazu kommt noch hie und da eine Kuh. Das meiste Fleisch wird gesalzen (etwa 14 Tage lang), dann auf dem Estrich an die freie Luft gehängt und so getrocknet. Es wird zuletzt steinhart, ist aber sehr kräftig. Im Frühling werden einige junge Ziegen geschlachtet, doch zieht man immer so viele auf, dass der Viehstand der gleiche bleibt.

National- und Fastenspeisen finden sich hauptsächlich drei.

Capuns: Es werden Teigknollen aus Wasser und Mehl, etwa noch mit Speckwürfeln, gemacht. Sie werden mit Mangoldblättern umwickelt, in Salzwasser gekocht, auf einer Schüssel mit zerriebenem Käse bedeckt und mit heisser Butter begossen.

Buzzani oder Bulzani: Milch, Mehl und Eier werden zu einem Teige vermengt, in Butter gebacken und in kleine Stücke zerstossen.

Bizockels: Es wird ein Teig aus Weizenmehl gemacht (dazu soll sich keines besser eignen, als das Oberländer Weizenmehl), mit 1 bis 2 Eiern. Mit einem Löffel bringt man darauf Stück um Stück in kochendes Wasser, in dem sich schon Kartoffelklösse befinden. Beides wird tüchtig untereinander gemengt und dann auf einer Schüssel mit Käse bestreut und heisser Butter begossen.

Die Kartoffeln werden sehr häufig mit selbtgewonnenem Flachsöl gebacken; auch wird dieses etwa ins Brot gemengt oder in andere Mehlspeisen. Es wird jedoch nicht immer rein gebraucht, sondern mit Butter vermischt. Das Maismehl, das häufig eingeführt wird, dient als Nahrung für Menschen und Vieh. Einer grossen Beliebtheit erfreuten sich besonders früher der Tavetscher und Medelser Bienenhonig. Er ist ganz weiss und war sehr geschätzt. Seit aber der künstliche so sehr aufgekommen ist und viel billiger zu stehen kommt, kann der echte die Konkurrenz mit demselben nicht mehr aushalten. Da behalten ihn die Bienenzüchter lieber für sich.

2. Kleidung.

Die Kleidung zeigt im Bündner Oberlande nur noch wenig Charakteristisches, bei den Männern gar nichts mehr. Den Grund für das fast gänzliche Schwinden einer Landestracht hat man auf das häufige Auswandern der Bündner zurückgeführt, die aus den fremden Ländern die allgemein übliche Mode und Kleidungsart der übrigen Welt mit heimgebracht haben.

Als Ueberrest der alten guten Zeit mag noch die eigentümliche Haube (schlappa) angesehen werden, die jedoch heute nur noch von alten Frauen getragen wird. Sehr schön ist das schwarze mit einem Kranz bunter Blumen bestickte wollene Tuch, das über die Schultern geworfen wird. Der obere Teil des Aermels zeigt mehrere Falten.

Im Allgemeinen ist die Kleidung wollen, im Sommer wie im Winter, bei Mann und Weib. Die Wolle der eigenen Schafe wird zu einem festen, starken Tuche verarbeitet, das früher unter dem Namen Bündner Tuch weit über die Grenzen des Kantons hinaus bekannt war. Seit aber die Verkehrsverhältnisse sich merklich gebessert haben, ist diese Hausindustrie stark zurückgegangen, da schönere, wenn auch nicht so starke Stoffe billig eingeführt werden können. In einzelnen Häusern wird der ziemlich häufig gebaute Flachs zu Leinwand gewoben, doch beschränkt man sich auf den eigenen Bedarf.

3. Beschäftigung der Bewohner.

Die Bevölkerung des Kreises Disentis hat zu ihren Hauptenährern die Alpwirtschaft und den Ackerbau. Auch die Fremdenindustrie bringt in den letzten Jahren etwas Verdienst ins Land. Noch mehr mag letzteres der Fall sein, wenn einmal die

Bahn bis Ilanz dem Betriebe übergeben sein wird. Ich trete zunächst ein auf den

Ackerbau.

Er hängt stark von der Höhenlage der Gegend und der damit zusammenhängenden Natur des Klimas ab. Der Kreis Disentis zeigt hierin, trotz seiner hohen Lage gute Bedingungen, da die Glarner Alpen das Tal gegen den rauhen Nordwind schützen. So findet sich das Getreide bis weit hinauf verbreitet. Der Weizen steigt bis Selva im Tavetsch (1535 m), ebenso der Roggen; die Gerste sogar noch weiter bis Tschamut in über 1600 m Meereshöhe, soweit sich im Kreise noch grössere menschliche Ansiedlungen finden. Oft wird Weizen und Gerste untereinander gesät, damit der stärkere Weizen die Gerste stütze. In Disentis und den höhern Gegenden (Tavetsch und Medels) ist es Sommer-, in Somvix und Truns Winterweizen. Da das Getreide in dem kurzen Sommer auf dem Felde selten ganz ausreift, wird es an der Luft noch vollends getrocknet. Zu diesem Zwecke findet sich bei fast jeder Scheune ein grösseres Korngestell (talina) unter dem Vordache angebracht. In den höhern Gegenden stehen diese Getreideausreifer (chischnè[1]) frei, (siehe Abbildung auf folgender Seite) um der Luft möglichst freien Zutritt zu gestatten. Das Getreide wird in halber Höhe mit der Sichel geschnitten; der obere Teil kommt auf die Kornständer; die untere Hälfte wird später abgemäht.

Einen Begriff von der Getreideproduktion der drei Gemeinden Disentis, Tavetsch und Medels in der Mitte des vorigen Jahrhunderts mag folgende Angabe für das Jahr 1854 geben, die ich dem Bündner Monatsblatt von 1855 entnommen habe.

Disentis	1126	Seelen	36,000	Quartanen (Viertel)
Tavetsch	980	„	28,000	„
Medels	609	„	12,000	„

Wert der Ernte, 1/8 Samen abgerechnet, die Quartane zu 1.70 Frk. = 113,050 Frk. Bis heute haben sich diese Verhältnisse allerdings ziemlich geändert in Bezug auf die Produktion, wie auch im Preise des Getreides.

---

[1]) So heissen die freistehenden Kornständer.

Chischnè bei Curaglia (Medels).

Selbstverständlich wird nicht immer derselbe Boden mit Getreide besät. Es findet darin, wie überall, ein Wechsel statt, der hier ungefähr folgender ist. Im ersten Jahr Weizen, im zweiten Roggen und im dritten Jahr nach guter Düngung wieder Roggen oder Gerste. Dann folgen 5 bis 6 Jahre Wiese. Im dritten Jahr wird oft zwischen den Roggen etwas Klee gesät, der noch nicht sehr hoch wird und dem Getreide wenig schadet, dafür aber im nächsten Jahr in der Wiese stark zur Geltung kommt. In wärmeren Lagen am Rhein wird oft vier Jahre hintereinander Getreide gepflanzt. Mit diesem wechseln auch Kartoffeln ab, die im Tale weit hinaufsteigen. Dasselbe ist mit dem Flachs der Fall, der ziemlich häufig vorkommt.

Sehr schöner Obstwachs findet sich bei Truns, nimmt dann aber allmälig talaufwärts ab, doch finden sich in Disentis in Gärten noch sehr schöne Obstbäume. Der Nussbaum kommt noch in Disla unterhalb Disentis fort. Am höchsten steigt der Kirschbaum; in günstigen Jahren reift er seine Früchte noch in Selva und Tschamut. Sie werden getrocknet oder zu einem vorzüglichen Kirschwasser gebrannt.

Noch einige Worte über den Wiesenbau. Genau geregelt ist die Bewässerung der Wiesen. Wo ein kleines Bächlein von der Höhe herunterkommt, da wird es von den Besitzern oder Pächtern der anstossenden Güter nutzbar gemacht. Da die Wiesen meist uneben, wird an der obern Seite derselben ein kleiner Graben angebracht, der in das Bächlein mündet. Durch Ueberfliessen des Grabens wird die darunter liegende Wiese mit der nötigen Feuchtigkeit versehen. Jeder Bauer weiss genau, an welchen Tagen in der Woche er das Wasser im Bächlein für seine Wiesen nutzbar machen darf, was er auch nie zu tun vergisst, indem er es mit einem Brettchen schwellt und so in seine Bewässerungsrinne hineinleitet.

Ziemlich früh findet die Heuernte statt, ebenso der zweite Schnitt. Bei schlechter Witterung sind die Heuständer (mannshohe Stäbe mit mehreren kreuzweise eingesteckten Querarmen), über die das Heu geworfen wird, von grossem Nutzen. Wenn es trocken ist, wird es eingetragen, nicht eingefahren. Auf entfernteren Gütern werden Ställe errichtet und das Heu und Emd im Winter dort verfüttert, so dass auch der Dünger den betreffenden Wiesen zu gute kommt.

Weidgang.

Die Hauptnährquelle des Kreises Disentis ist die Alpwirtschaft. Die Benutzung der Alpen als Weide für die landwirtschaftlichen Nutztiere, und zwar in erster Linie für das Rindvieh, ist durch die Natur vorgezeichnet. Das ausgezeichnete Futter, die Gelegenheit die den weidenden Tieren hier zur Entwicklung des Körpers, sowie zur Abhärtung gegen Witterungseinflüsse gegeben ist, lassen die Alpen besonders geeignet erscheinen zur Jungviehzucht und durch die vorzügliche Qualität der Alpenmilch zur Milchwirtschaft und Käse- resp. Butterfabrikation. Die Alpen nehmen das weite Land zwischen der obern Waldgrenze und den vollständig unwirtlichen, mit Schnee- und Eisflächen wechselnden Steinwüsten ein. Die besten dienen als Kuhweiden und sind mit Sennhütten, oft auch mit Ställen versehen. Die weniger ergiebigen und schwerer zugänglichen sind dem Jungvieh zugewiesen, welches auch bei ungünstiger Witterung im Freien bleiben muss; auf die unwirtlichsten und unzugänglichsten Alpen werden die Schafe getrieben. Die Ziegen haben keine bestimmten Weideplätze; sie werden dorthin geführt, wo das Rindvieh nicht mehr hin kann, und kehren jeden Abend wieder ins Tal zurück. Diese verschiedenen Tiergruppen beziehen aber nicht schon im Frühling ihre definitiven Weideplätze, um den ganzen Sommer dort zuzubringen, sondern sie durchwandern die Alpen vom Frühjahr bis Sommer von den tiefern zu den höhern Lagen und im Herbst in umgekehrter Richtung. Die Weide beginnt im Frühling auf den sogenannten Maiensässen. Diese nehmen meist fruchtbare Terrassen der Waldregion ein. Sie werden oft gedüngt und im Sommer zur Gewinnung von Winterfutter gemäht. Manchmal befinden sich auf den Maiensässen ganz wohnlich eingerichtete Gemächer, in denen die Besitzer und ihre Familien einen Teil des Sommers zubringen.

Im August und September verlassen die Herden allmälig die höchst gelegenen Weideplätze und treten ihren Rückweg gegen das Tal hin an. Sie bringen noch einige Zeit auf den tiefer gelegenen Gütern zu, um dann ganz ins Tal hinab zu ziehen. Nun folgt die Periode der schon so oft umstrittenen freien Azung.

Wie bei allen übrigen indogermanischen Völkern finden sich auch bei den Rätoromanen noch aus weiter Vergangenheit herrührend Eigentumsformen oder Ueberreste derselben, die zeigen, dass auch bei ihnen das Gemeineigentum der Gemeinde und der Genossenschaften dem Privateigentum vorausging. Nur erhielt sich bei den Rätoromanen das Gemeineigentum an Wald mit sehr wenig Ausnahmen beinahe in allen Talschaften, vorzüglich in dem hier näher besprochenen Kreis Disentis. In den sieben grossen Gemeinden der Ca-Di ist beinahe aller Wald und alles Weideland im Tal und auf den Alpen, abgesehen von den Kloster- und einigen wenigen Privatalpen, Gemeindeeigentum.

Es hat sich aber noch ein anderer wirtschaftlich und rechtsgeschichtlich interessanter Ueberrest des ehemaligen Gemeineigentums an den Gütern im Tale erhalten, die Frühlings- und Herbstazung. Sehr schön wurde sie beschrieben von Baronin Vogelsang, deren Ausführungen ich hier einiges entnehme.

Jeder der betreffenden Gemeinde angehörige Viehbesitzer — und hier nennt auch der Ärmste einige Ziegen oder Schafe und ein paar Schweine sein Eigen — besitzt das Recht, im Frühling, zu gewissen Zeiten, sein Vieh aus dem Stalle zu treiben und es frei auf allen Privateigentümern gehörigen Gütern laufen zu lassen.

Sowie im Frühling die Schneedecke zu schmelzen beginnt, versammelt sich die Gemeinde und beschliesst, wann der freie Weidgang beginnen soll. Am festgesetzten Tage lässt jeder Bauer des Morgens sein Vieh aus dem Stalle. Das Herkommen verbietet ihm, die Tiere nach einer bestimmten Richtung zu treiben; er muss sie ihren Weg selbst wählen lassen, damit nicht das Feld seines Nachbars mehr in Anspruch genommen werde, als sein eigenes. Die Tiere gehen gewöhnlich zuerst auf die Wiese des Besitzers, dann etwas weiter, zuletzt ins Gebirge, von wo sie am Abend in ihren Stall zurückkehren.

Wegen des Azungsrechtes ist es den Eigentümern untersagt, ihre Güter einzuhegen, oder es müssen zu Beginn der Azungszeit die Zäune geöffnet werden. Nur Gemüse-, Blumen- und Baumgärten dürfen abgeschlossen bleiben, sowie jene wenigen Felder, welche die Gemeinde wegen wirklicher oder eingebildeter Verdienste ihrer Besitzer mit diesem Privilegium ausgestattet hat.

Ende April oder Anfangs Mai, je nach der rascheren oder langsameren Entwicklung der Vegetation, beschliesst die Gemeinde, dass die pasculaziun cumina, der freie Weidgang, aufzuhören habe. Im 18. Jahrhundert war der alte St. Georgstag nach julianischem Kalender der Termin für das Aufhören der Azung. Das Aufhören des Frühlingsweidganges erfolgt nicht für alle Vieharten auf einmal, sondern stufenweise, entsprechend der Weideart der verschiedenen Tiergattungen. Mit den Kühen wird gewöhnlich der Anfang gemacht; darauf folgen die Schweine, dann die Ziegen und endlich die Schafe.

Im Herbst beschliesst die Gemeinde wieder, wann bei ihr die Herbstazung beginnen soll. An dem bestimmten Tage ertönt zur Mittagsstunde die Gemeindeglocke. Es ist das Zeichen der Eröffnung des allgemeinen Weidganges für das

Grossvieh. Acht bis zehn Tage später beginnt gewöhnlich die Azung für die Ziegen und noch etwas später für Schweine und Schafe.

Ursprünglich hatte die Gemeinde das Recht, den Tag zu bestimmen, an welchem alles Gras auf den Wiesen „gemeinsames Gras“ wurde, von welchem an also nicht mehr gemäht werden konnte und die Privatwiesen nicht mehr von dem Vieh des Eigentümers abgeweidet werden durften. Dann mussten z. B. die Viehhändler des Kantons Glarus, wenn sie Ende September oder Anfang Oktober durch das Bündner Oberland zum grossen Viehmarkt nach Lugano zogen, die Grasweide, deren sie für ihr Vieh bedurften, von den Gemeinden, anstatt von den Privatbesitzern jener Wiese pachten.

Die Schweine dürfen nicht eher den Weidgang antreten, als bis die Gemeinde sich überzeugt hat, dass sie geringelt sind, d. h. dass ihnen ein Ring aus Draht durch die Nase gezogen worden, der sie am Wühlen in der Erde hindert, welches die Pflanzenwurzeln zerstören würde.

Wenn der gemeinsame Weidgang wegen Mangels an Gras oder wegen schlechter Witterung unmöglich geworden, wird das Vieh zuerst auf die Maiensässe getrieben und dort im Stalle gefüttert. Ist der dort angehäufte Futtervorrat bis auf einen kleinen Teil, den man für den Mai bewahrt, aufgezehrt, so treibt man die Tiere ins Tal zurück, wo sie in den Ställen bis zum Frühlingsweidgang ernährt werden.

Am längsten und ausgedehntesten benutzen die Ziegen das Azungsrecht. Gross- und Kleinbauer haben eine Anzahl dieser flinken Tiere; man findet kaum eine Haushaltung, auch nicht die ärmlichste, ohne drei oder vier derselben.

Doch der allgemeine Weidgang hat auch seine Feinde in einer Anzahl grösserer Grundbesitzer und Politiker, die versichern, dass er dem Walde, der Obstkultur und dem Feldbau schade und klagen, dass der Reingewinn des grössern Besitzers dadurch vermindert werde.

Eine treffende Antwort hierauf hat Prof. Platter ('94) gegeben. Er schreibt: Die Wiesen sind überall im herrlichsten Grün und vergebens sucht man die rauhen Stellen, wo die Schweine, nach der Aussage P. Troxlers[1]), die Erde aufgewühlt und die Graswurzeln gefressen haben sollen.

Es wurde mir von interessirter Seite gesagt, dass auf grossen Gebieten, die jetzt ohne Obstbäume sind, früher deren sehr viele gestanden. Die alten seien mit der Zeit abgestorben und die jungen von den Ziegen gefressen worden. Warum sind denn die alten Bäume, als sie noch jung waren, nicht auch abgefressen worden? Ist etwa der allgemeine Weidgang jünger, als die jetzt vorhandenen Obstbäume? Warum hat es deren im Bündner Oberland noch so viele, die nicht etwa durch eiserne Gitter oder „elf Fuss hohe" Mauern geschützt sind, oder warum findet man, was noch seltsamer ist, so viel Strauchwerk. Haben das bis jetzt die Ziegen oder Schafe etwa nicht gesehen?

Wo liegt denn der Schaden des allgemeinen Weidgangs? Für die allgemeine Bevölkerung nirgends. Es handelt sich nur um die Interessen einiger Grossgrundbesitzer. Der kleine Bauer zieht Nutzen daraus und doch soll diese Einrichtung aufgehoben werden, weil sie gegen den allgemeinen Wohlstand des Landes sei. Das heisst doch nicht den allgemeinen Wohlstand des Landes heben, wenn man einige Grossgrundbesitzer begünstigt und die grosse allgemeine Bevölkerung benachteiligt.

Diese Azung, wie sie sich hier noch erhalten hat, ist keine spezifisch rätoromanische Form des Gesamteigentums. Sie fand sich weit verbreitet in Deutschland, Belgien, Frankreich und Italien. In Frankreich, als droit des parcours, fand sie sich neben dem Rechte, die Schweine in die Eichenwälder zu treiben und wurde erst mit der französischen Revolution aufgehoben zum grossen Nachteil der Bauern.

Bei der Beurteilung der Azung als wirtschaftliche Institution darf man nicht ausser Acht lassen, dass im Kreis Disentis der Kleinbauernstand sich in einer heute seltenen Zahl und Stärke erhalten hat. Die Güter des Kleinbauern sind nicht arrondirt und liegen gewöhnlich recht weit auseinander, so dass sie kaum einzeln im Herbst abgeweidet werden könnten. Wenn

---

[1]) Troxler, P. Joh. Baptist, Administrator des Benediktinerstiftes Disentis. Der allgemeine Weidgang im Kt. Graubünden. Eine nationalökonomische Studie. Chur 1883. Platters Schrift ist eine Entgegnung auf diese.

man einwendet, dem Uebel könnte durch Arrondirung der Güter abgeholfen werden, so wäre das ein sehr einfaches, aber leider kaum taugliches Mittel; denn der Kleinbauer besitzt etwelche gute Wiesen im Talgelände, dann grössere Stücke Land an den Abhängen und selbst dort oben, wo die Waldgrenze beginnt. Bei einer Arrondirung würden die kapitalkräftigen Besitzer die Güter im Tal aufkaufen und viele Kleinbauern langsam enteignet, wie dies z. B. in Steiermark und andern österreichischen Gebirgsländern vorgekommen. Es würde kaum ein moderner Nationalökonome es als einen Fortschritt betrachten können, wenn der blühende Kleinbauernstand im Kreise Disentis, noch heute die überwiegende Zahl der Bevölkerung, der Arrondirung des Grundbesitzes zum Opfer fallen würde, haben doch die neueren Forschungen auf dem Gebiete der Agrarökonomie den Nachweis erbracht, dass der kleine Grundbesitz verhältnismässig mehr produzirt, als der Grossgrundbesitz. Ist es doch gerade die Azung, welche dem Kleinbauern die Viehhaltung ermöglicht. Ohne die Azung wäre auch die Erhaltung der zahlreichen Ziegen und Schafe sehr schwierig. Die Ziege ist aber, wie ich beobachten konnte, im Kreise Disentis die Kuh nicht nur des armen Mannes, sondern auch des Kleinbauern. Die reichliche Menge Milch, welche die Ziege während des Sommers gibt, erklärt auch die Erscheinung, dass im Kreise Disentis der Alkoholgenuss ein geringer ist. Während der Woche besucht der Kleinbauer selten oder nie das Wirtshaus und der Genuss des Branntweins im Kaffee oder sonst beim Mahle ist kaum nennenswert. Der Kaffee wird gewöhnlich mit Ziegenmilch getrunken. Der Ziegenkäse, der vorzüglich im Tavetsch und Medels bereitet wird, schmeckt ausgezeichnet und wird gewöhnlich morgens und zur Marend gegessen.

Das Volk hängt mit Recht sehr an der Azung und wird sie kaum jemals aufgeben. Das nationalökonomische Denken der Gegenwart ist übrigens dem Azungsrechte günstig und das erklärt, dass die früheren häufigen Angriffe auf dasselbe immer schwächer werden. Die letzte interessante Debatte über das Azungsrecht entspann sich im Nationalrat, wo Nationalrat Simon Kaiser die Azung angriff und Nationalrat Decurtins sie verteidigte.

Nutztiere.

Hier mag es noch am Platze sein, einiges über die landwirtschaftlichen Nutztiere des Kreises zu sagen.

Die eidgenössische Viehzählung vom 20. April 1899 ergab für den Kreis Disentis folgende Resultate:[1])

Viehbesitzer	Pferde	Rindvieh	Schweine	Schafe	Ziegen	Bienenstöcke
887	163	7034	3893	12784	7209	739

Der Disentiser treibt die Rindviehzucht in erster Linie für den Markt. Das Hauptabsatzgebiet ist Oberitalien. Zum Verkaufe dorthin eignen sich hauptsächlich einjährige Stierkälber, dann auch Ochsen und Kühe, wogegen weibliche Kälber auf den italienischen Märkten wenig gesucht werden. Schlachtvieh wird von hier nicht viel ausgeführt. Grossen Nutzen zieht der Bauer auch aus der Milch durch die Käse- und Butterbereitung, doch wird wenig davon ausgeführt, da der Eigenverbrauch ziemlich gross ist. Als Zugtier wird das Rind selten verwendet.

Die Pferde, die sich im Kreise befinden, dienen zum weitaus grossen Teile dem Post- und dem Fremdenverkehr.

Die Schafe finden sich in grosser Zahl; sie sind während des ganzen Sommers auf der Alp. So kommen aus der Gemeinde Disentis etwa 4000 ins Val Cristallina, das in 80 Rechte[2]) (Stösse) eingeteilt ist. Für ein Schaf wird per Sommer 70 Rp. für Weide, Salz und Hütung bezahlt. Auch die Besitzer von Stössen zahlen das nämliche. Von diesem Gelde werden die beiden Hirten und das Salz bezahlt; das Uebrigbleibende wird dann gleichmässig auf die Stösse verteilt. (Im Cristallinatal befinden sich im Sommer auch etwa 100 Rinder. Für ein Rind von 2½ Jahren und darüber werden 14 Franken und für eines unter diesem Alter 8 Franken für die Sömmerung bezahlt). Kommt ein Schaf auf der Alp um, so hat der Hirt die Ohren desselben heimzubringen. Am 29. September kehren die Schafe

---

[1]) Bündnerisches Monatsblatt, Chur 1899, S. 227.

[2]) Diese könnten etwa mit Aktien verglichen werden. Das Tal selber ist nicht etwa in Parcellen eingeteilt.

in die Dörfer zurück und werden sofort geschoren, damit die Wolle nicht in den Ställen beschmutzt werde. Von da bis zum allgemeinen Weidgang werden die Schafe jeden Tag von einem Hirten auf die Gemeindeweide getrieben.[1])

Von den Ziegen wird die grössere Anzahl auf den Alpen gesömmert und ihre Milch mit der Kuhmilch vermischt verkäst. Die andern, die Heimziegen, sind neben den Heimkühen die Milchlieferanten der Dorfbewohner. Morgens, zwischen 4 und 5 Uhr, nachdem die Ziegen gemolken worden sind, sammelt sie der Hirte und führt sie auf altgewohnten Pfaden bis zu den höchsten Berggipfeln, bis zur äussersten Schneegrenze. Dort steigt die Ziege, wo kein Mensch zu klettern vermag, an steilen Abhängen empor und weidet die saftigen Kräuter ab, die sonst nutzlos verfaulen würden. Abends, zwischen 8 und 9 Uhr, geleitet der Ziegenhirte seine Herde wieder ins Tal, wo die Tiere nochmals gemolken und in den Stall gebracht werden. Der Ziegenhirt wird jährlich von der Gemeinde gewählt und hat abwechselnd bei den Besitzern — öfters oder seltener, je nach der Zahl ihrer Ziegen — die Kost. Gewöhnlich erhält er zum Frühstück Kaffee, dann als Vorrat während des Tages Brot, Butter, Käse oder Fleisch, abends wieder Kaffee, Brot und etwa ein wenig Speck. Im Herbst wird ihm ein kleiner Gehalt ausbezahlt. — Die Ziegen, die auf den Hochalpen gesömmert, werden, geniessen wenig Pflege und werfen doch einen guten Nutzen ab.

Die Schweine sind von der verschiedensten Farbe, dunkelbraun bis weiss, mit allen möglichen Tönen und Zeichnungen. Früher fehlten die weissen ganz; die meisten waren rotbraun.[2]) Doch wurden dann weisse Eber in die Gegend gebracht und dadurch die Rasse und damit auch die Farbe gemischt. Während des Sommers werden die Schweine jeden Morgen auf die Weide getrieben, und am Abend kehren sie wieder in die Ställe zurück, die sie ohne irgend welche Mühe

---

[1]) Im Val Nalps befindet sich nur noch in wenig Exemplaren eine interessante alte Schafrasse vertreten. Man widmet ihr in letzter Zeit viel Aufmerksamkeit und sucht sie wieder zu vermehren.

[2]) Sie stammen wahrscheinlich vom alten Torfschwein ab.

wieder auffinden. Zur Schweinemast eignet sich vorzüglich der ausgepresste Flachssamen, der vorher ein gutes Oel geliefert hat. Das Fleisch wird an der Luft getrocknet oder zu Würsten verarbeitet.

Von Industrie sah ich im Kreise Disentis wenig, doch mögen einem etwa in Disentis die Steinplatten auffallen, die man hie und da vor einem Hause sieht. Es sind Speck- oder Lavezsteinplatten, die unten am Rhein gebrochen worden sind und nun noch der feineren Bearbeitung harren, um darauf zu schönen Oefen verwendet zu werden. Bald werden diese Ofenplatten einfach behauen, bald werden an ihnen aber auch schöne Figuren eingemeisselt, was sich, da der Stein sehr weich ist, leicht bewerkstelligen lässt. Im Gastzimmer des Hotels Kistenpass in Brigels sah ich einen Ofen aus solch schön behauenen Steinplatten, wie ihn untenstehende Abbildung zeigt. Wenn

Lawezstein-Ofen (Hotel Kistenpass, Brigels).

einmal die Eisenbahn bis Disentis reichen wird, werden diese Oefen auch weiter talabwärts vordringen, da sie, wo sie sich jetzt schon finden, grosser Beliebtheit erfreuen.

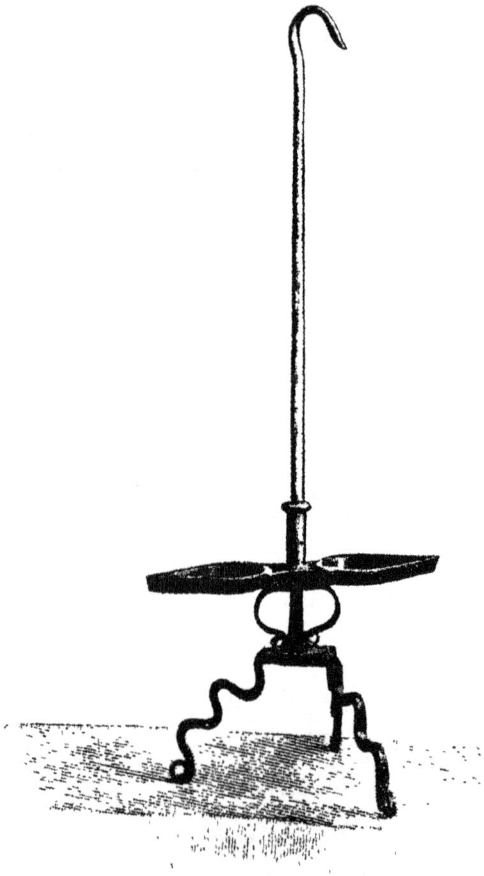

Alte Lampe aus Disentis.

Von kulturhistorischem Interesse ist auch die hier abgebildete Lampe[1]), wie sie sich noch hie und da in alten Häusern und auf Maiensässen findet. Die schmiedeiserne Lampe kann

[1]) Das Original findet sich im Besitz von Herrn Prof. Dr. Stoll.

gestellt oder auch aufgehängt werden. In den beiden flachen Tellern findet sich bei Gebrauch Unschlitt und an den spitzen Enden ist ein kurzer Baumwollfaden eingetaucht, der angezündet wird. Da das Licht, wie leicht begreiflich, nicht besonders hell und ruhig ist, verschwinden diese Leuchter aus alter Zeit immer mehr und werden bald ganz ausser Gebrauch sein.

D. Hauszeichen.

Die Hauszeichen haben den Zweck, irgend einen Gegenstand als Eigentum eines bestimmten Besitzers zu bezeichnen; dieser kann eine Einzelperson oder eine Genossenschaft sein. Auch finden sie sich etwa in Wappen oder sie können bei Schreibunkundigen als Unterschrift dienen. In letzterer Verwendung sah ich mehrmals Hauszeichen im Trauregister der Gemeinde Disentis.

Als Vorstufen der Hauszeichen erwähnt Homeyer ('70) die signa der Volksrechte vom 5. bis zum 9. Jahrhundert, z. B. das Omega und die Decuria ×, das sogenannte Andreaskreuz, welches keine Beziehung zum christlichen Kreuz hat. Sie finden sich an Bäumen, teils als Grenz-, teils als Occupations- oder Eigentumszeichen, ferner an Tieren und auf Loosstäben, als den Loosenden angehörig. Später tritt besonders das christliche Kreuz auf, welches im Handeln in Gottes Namen, ein Anrufen göttlicher Mitwirkung, eine Heiligung des Geschäftes ausdrücken soll, oder sich auf die Person selber bezieht und seine christliche Eigenschaft angeben soll. Bald kommen beim Kreuz allerlei individuelle Zutaten oder Abweichungen von der ursprünglichen Form vor, so  das Zeichen des Pipin,

dann    

und andere mehr.

Später entstanden alle möglichen Formen von Hauszeichen doch wurde fast ausschliesslich die gerade Linie verwendet, da sie am leichtesten in die Gegenstände, die bezeichnet werden sollen, eingeritzt werden kann. Auch der Punkt kam etwa dazu; selten tritt er allein auf (Truns Nr. 42); ebenso selten oder noch seltener ist die gebogene Linie (Truns 7), die auch meist mit der geraden kombinirt ist. Arabische Ziffern sind selten und mit allerlei Zutaten versehen (Brigels Nr. 54 und 57); viel häufiger treten die römischen Ziffern auf (Schlans Nr. 25 und 31, Disentis Nr. 41, Brigels Nr. 26 und 27 u. s. w.). In neuerer Zeit werden die Hauszeichen, (im Kreise Disentis noda casa genannt), vielfach durch Buchstaben verdrängt, die meist die Anfangsbuchstaben von Vor- und Geschlechtsnamen des Besitzers sind. Sie eignen sich als Eigentumszeichen weniger gut, da ihre Variation viel kleiner ist und daher leicht zwei Personen dasselbe Zeichen haben könnten.

Die Hauszeichen werden angebracht an hölzernen Geräten und an Werkzeugen und zwar eingeschnitten oder in neuerer Zeit oft eingebrannt. Auch das Bürgerholz wird, nachdem es verloost ist, mit dem Kennzeichen des Besitzers versehen.

Im Kreise Disentis hat noch jede Familie ihr Zeichen. Stirbt der Vater und wird die Haushaltung getrennt, so erbt es der jüngste Sohn. Aeltere Söhne bringen an demselben Zeichen zur Unterscheidung irgend eine kleine Aenderung an (Schlans Nr. 18 bis 25 und Nr. 13 bis 16) oder sie können ein ganz fremdes Hauszeichen bekommen, wenn sie etwa bei der Verheiratung ein fremdes Gut erben.

Einige der Zeichen aus mehreren Gemeinden des Kreises Disentis lasse ich hier folgen:

Medels.

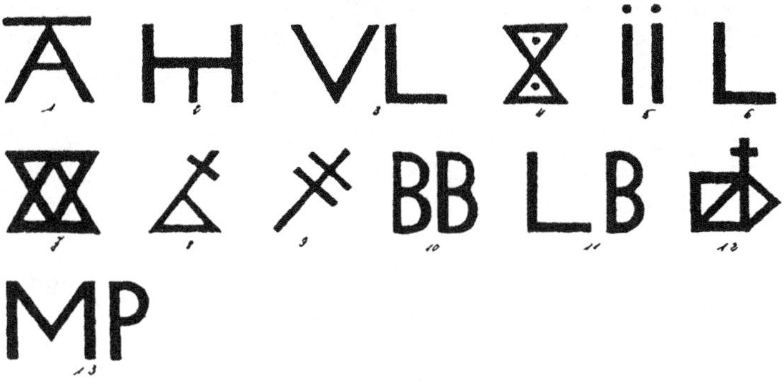

Schlans.

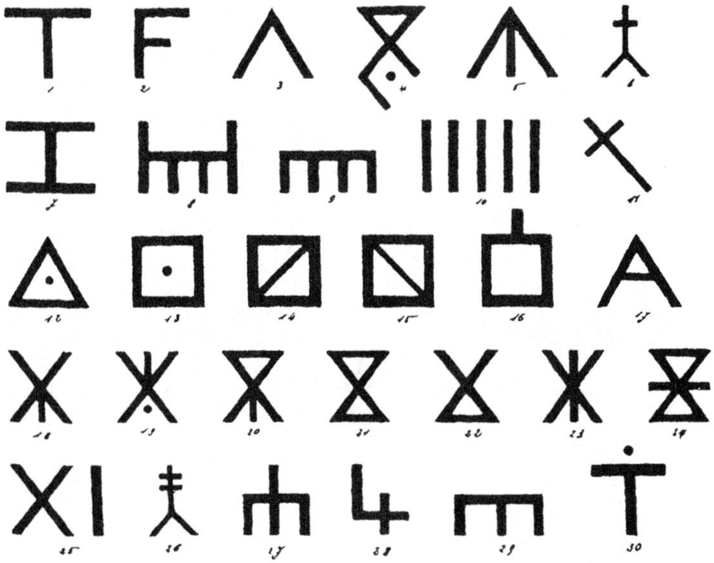

Hauszeichen aus Medels und Schlans.

Hauszeichen aus Schlans und Disentis.

Hauszeichen aus Disentis.

Truns.

Hauszeichen aus Disentis und Truns.

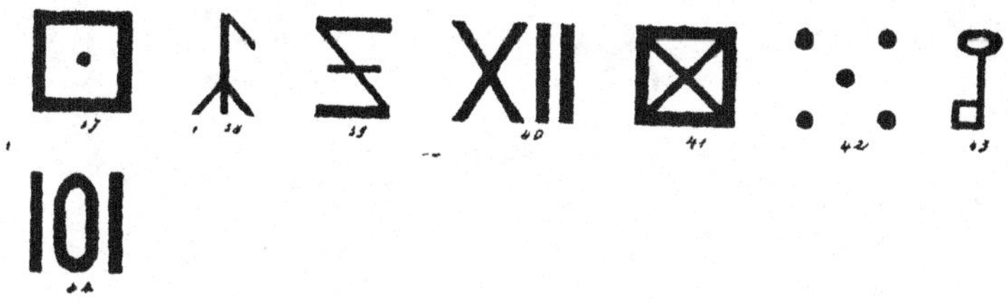

Brigels

Hauszeichen aus Truns und Brigels.

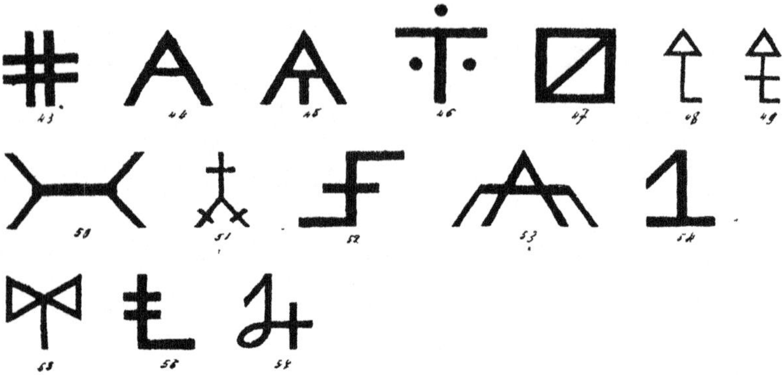

Hauszeichen aus Brigels.

Besitzer der Hauszeichen.

Medels.

1 Venzin, Jos. Maria.
2 Venzin, Martin.
3 Venzin, Luis.
4 Gigier, Joh. Jos.
5 Paly.
6 Lutz, Jos. Maria.
7 Gigier.
8 Gigier (in Baselga).
9 Lutz, Christian.
10 Bundi, Benedikt.
11 Bundi, Librat.
12 Venzin, Joh. Jos.
13 Paly, Martin.

Schlans.

1 Petschen, Joh. Lorenz.
2 Pfister, Sep. Math.
3 Petschen, Sep.
4 Gieriett.
5 Pfister, Jak. Ant.
6 Pfister, Joh. Mod.
7 Caduff, Sep.
8 Pfister, Nazi.
9 Rothmund (senior).
10 Pfister, Anna Maria.
11 Nazi, Posthalter.
12 Albrecht, Paul
13 Vincenz, Chrest. Luz.
14 Vincenz, Joh. Joh.
15 Vincenz, Margaretha.
16 Vincenz, Chrest. Lorenz.
17 Petschen, Joh. Ant.
18 Pfister, Peder.
19 Pfister, Sep. Anton.
20 Pfister, Jak. Anton.
21 Pfister, Mengia.
22 Pfister, Giodor.

23 Pfister, Joh. Luz.
24 Pfister, Margaretha.
25 Pfister, Joh. Luz.
26 Pfister, Giachen (Jak.).
27 Pfister, Joh. Math.
28 Pfister, Toni.
29 Rothmund.
30 Petschen, Gieri Ant.
31 Caduff, Toni.
32 Caduff, Giachen.
33 Caduff, Jak. Martin.
34 Caduff, Madleina.
35 Caduff, Gieri.

Disentis.

1 Agosti, Gebrüder.
2 Albin, Jos. Anton.
3 Andrioli, Viktor.
4 Andrioli, Vincenz.
5 Andrinet, Paul.
6 Berther, Joh. Bapt.
7 Andrinet, Michel.
8 Berther, Math.
9 Bigliel, Maria Ursula.
10 Bisquolm, Jos. Anton.
11 Bundi, Jos.
12 Cagenard, Peter.
13 Capeder, Rosa.
14 Capeder, Niklaus.
15 Carigiet, Joh. Bapt.
16 Castelberg, Sigisbert.
17 Castelberg, Joh.
18 Claustra (Kloster).
19 Cathomas, Joh. Ant.
20 Decurtins, Jos. Anton.
21 Caviezel, Schwestern.
22 Columberg, Anton.
23 Condrau, Joh. Fidel.
24 Condrau, J. J.
25 Deflorin, Präsidentin.
26 Deflorin, Joh. Jak.
27 Desax, Plazi.
28 Desax, Christ. Jos.
29 Durgiai, Pl., Weibels.
30 Durgiai, Weibel.
31 Fontana, Thom. Anton.
32 Fontana, Magdal.
33 Flepp, Joh. Bapt.
34 Flepp, Curdin.
35 Flepp, Christ. Anton.
36 Fri, Lorenz.
37 Friberg, Joh. Bapt.
38 Friberg. Plac.
39 Gadola, Christoffel.
40 Gadola, Wilh. (Guglelm).
41 Genelin, Joh. Benedikt.
42 Genelin, Joh. Anton.
43 Giger, Jos. Maria.
44 Giger, Christ. Fidel.
45 Hosang, Moritz.
46 Huonder, Alois.
47 Huonder, Pl.
48 Luz, Plac.
49 Huonder, Joh. Seb.
50 Luz, Joh. Martin.
51 Maissen, Jos. Ant.
52 Maissen, Joh.
53 Maissen, Jos. Ant.
54 Maissen, J. Adalbert.
55 Manetsch, Anna Maria.
56 Manetsch, Joh. Anton.

57 Manetsch, Joh. Valentin.
58 Manetsch, Susanna.
59 Mon, Jos. Math.
60 Mon, Joh. Bapt.
61 Mon, Librata.
62 Mon, Maria.
63 Mon, Joh. Jos.
64 Mon, Margretha.
65 Riedi, Jak. Fidel.
66 Rudolf, Joh. Fidel.
67 Sac, Jos. Ant.
68 Sac, Joh. Bapt.
69 Schmid, Hans.
70 Schmid, Jos. Anton.
71 Schmid, Joh. Bapt.
72 Schmid, Paul.
73 Schmid, Fidel.
74 Schuoler, Jos. Math,
75 Schuoler. Math.
76 Simonet, Magdal.
77 Stiefenhofer, Jos.
78 Tschuor, Monika.
79 Wirth, Lorenz.
80 Vincenz, Imanuel, Hptm.
81 Vincenz, Franz, Major.
82 Wenzin, Jos. Anton.
83 Wenzin, Placidus.
84 Manetsch, Augustin.
85 Schmid, Joh. Bapt.

Disla-Disentis.

86 Berther, Curdin und Aug.
87 Bisquolm, Plac., Lehrer.
88 Bisquolm, Joach. Ant.
89 Casaulta, Anselm.
90 Deflorin, Christ. Ant.
91 Genelin, Joh. Bapt.
92 Stiefenhofer, Christ. Ant.
93 Simonet, Martin.
94 Schmid, Lucius.
95 Steger, Jul. Joseph.
96 Walier, Peter, Schmied.
97 Bigliel, Luz. Ant.
98 Huonder, Agath., Wwe.
99 Bigliel, Placidus.
100 Huonder, Felix.
101 Huonder, Joh. Bapt.
102 Mon, Joh.

Truns.

1 Spescha, Laus.
2 Bundi, Math.
3 Vincenz, Jak. Ant.
4 Wolf, Joh. Jos.
5 Vincenz, Peter.
6 Vincenz, Joh. Modest.
7 Genelin, Franz.
8 Durgiai, Plazi.
9 Tambornino, Toni.
10 Wolf, Alexander.
11 Wolf, Jak. Jos.
12 Maissen, Joh. Jak.
13 Tomaschett, Modest.
14 Lombriser, Peter.
15 Cagenard, Joh. Bapt.
16 Nay, Christoffel.
17 Bundi, Toni.
18 Giger, Math.
19 Demont, Sep. Ant.
20 Huonder, Jos. Math.
21 Demont, Jak. Lud.
22 Beli, Rest (Christ.) Jos.
23 Cagenard, Fidel.
24 Cagenard, Maisch.

25 Decurtins, Gion, Gieri.
26 Tomaschett, Math.
27 Caviezel, Math.
28 Job, Louis.
29 Curschellas, J. Martin.
30 Berther, Martin.
31 Demont, Ludwig.
32 Schwarz, Andreas.
33 Tomaschett, Joh. Jos.
34 Cathomas, Benedikt.
35 Desax, Jos.
36 Alig, Joh. Jos.
37 Vincenz, Peter.
38 Cagenard, Ant.
39 Albin, G. Giachen.
40 Tambornino.
41 Spescha, Gienard.
42 Livers, Lezi.
43 Maissen, Jak.
44 Cagienard, Christ. Thom.

Brigels.

1 Capaul, Theoder.
2 Muoth.
3 Camichel, Sep.
4 Malesi, Andrea.
5 Livers, Giachen.
6 Cabialaveta, Ursasin.
7 Livers, Witwe.
8 Cagenard, Toni.
9 Cathomen, Giachen, Math.
10 Jenski, Gion, Jos.
11 Livers, Giach. Plazi.
12 Tuor, Franz.
13 Bundi, Plazi.
14 Tuor, Marg.
15 Cathomen, Gion, Bistgeun.
16 Cariget, Gion, Anton.
17 Vincenz.
18 Degonda, Gion.
19 Jenski, Giachen.
20 Cathomen, Ludwig.
21 Cavegn, Joh. Jak.
22 Cavegn, Plazi.
23 Latour, Christian.
24 Cajakob, Alois.
25 Seiler, Joh. Jak.
26 Derungs, Eduard.
27 Fri, Fidel.
28 Cadurisch, Jak.
29 Arpagaus, Maria.
30 Muoth, Alfons.
31 Stivet, Clau.
32 Cathomen, Rest.
33 Balet, Weibel.
34 Cathomen, Joh. Jos.
35 Durischet, Joh. Mich.
36 Carigiet, Jak.
37 Durischet, Sievi (Eusebius).
38 Deruns, Joh. Bapt.
39 Caduff, Kathrina.
40 Stivet, Joh.
41 Muoth, Adalbert.
42 Cavegn, Joh. Jak.
43 Muoth, Joh. Gieri.
44 Cathomen, Jak. Jos.
45 Arpagaus, Jos. Fidel.
46 Cabialaveta, Witwe.
47 Caduff, Joh. Jos.
48 Muoth, Luis.
49 Muoth, Peter.
50 Cahans, Jak.

51 Ballet, Carlina.
52 Muoth, Jak. Michel.
53 Hitz, Witwe.
54 Cargiet, Caspar.
55 Tener, Jak.
56 Camartin, Witwe.
57 Coray, Jakob.

E. Tierzeichen.

Wie die Hauszeichen, so sind auch die Tierzeichen von grossem Alter und weiter Verbreitung. So schreibt R. Andree in seiner Braunschweiger Volkskunde, II. Aufl., S. 218: „Zu den Obliegenheiten der Schäfer gehört auch das örmâlen ihrer Tiere. Die in einer Herde vereinigten Schafe der verschiedenen Besitzer wurden nämlich zur Unterscheidung von einander durch besondere Einschnite in die Ohren gekennzeichnet. Bei dem einen wurden die Spitzen der Ohren abgeschnitten; ein Dreieck aus dem Rande geschnitten beim zweiten; ein rundes Loch angebracht bei den Schafen des dritten, oder man schlitzte die Ohren der Länge nach auf etc. und schuf so eine grosse Anzahl Male.“ Auch bei den alten Indiern und Lappen trifft man ähnliche Gebräuche.

Radloff[1]) fand Tierzeichen bei den Altajern. Er schreibt: „Um ihre Pferde stets wieder zu erkennen, versehen die einzelnen Geschlechter dieselben mit Eigentumszeichen (Tamga), die den Pferden auf dem Hinterschenkel eingebrannt werden.“

Etwas Aehnliches berichtet Leochine[2]) von den Kirghisen. „Les gens du commun n'ayant point de cachets emploient des tamghas ou marques particulières à chaque tribu, et qui remplacent les signatures et les écussons des Européens, tant pour les lettres que pour marquer les bestiaux ou toute autre espèce de propriété.“ Der Uebersetzer fügt diesem noch hinzu, dass die Kirghisen die tamghas den Mongolen entlehnt hätten und dass der Name tamgha sich auch bei den Indiern finde.

---

[1]) Radloff, W. Aus Sibirien. Bd, I. S. 279. Leipzig 1893,

[2]) Leochine, Alexis de. Description des hordes et des steppes des Kirghiz-Kazaks. Traduite du russe par Ferry de Pigny. Paris 1840. S. 379.

Die Tierzeichen im Kreise Disentis werden an den Ohren der jungen Ziegen und Schafe mit Scheren angebracht, die Löcher und runden Einschnitte am Ohr mittelst eines Durchschlags oder einer Lochzange. Die dadurch verursachten Wunden heilen schnell. Es kommt auch vor, dass den Tieren neben den Einschnitten noch kleine Stücke Leder, Draht u. s. w. durch die Ohren gezogen werden.

Ich lasse hier sämtliche mir bekannten Tierzeichen der Gemeinde Disentis folgen, die schon innerhalb dieses Gebietes eine grosse Mannigfaltigkeit zeigen.

(Eine Zeichnung bedeutet immer das linke und rechte Ohr des Tieres. Die Striche sind Einschnitte.)

Disentis-Dorf

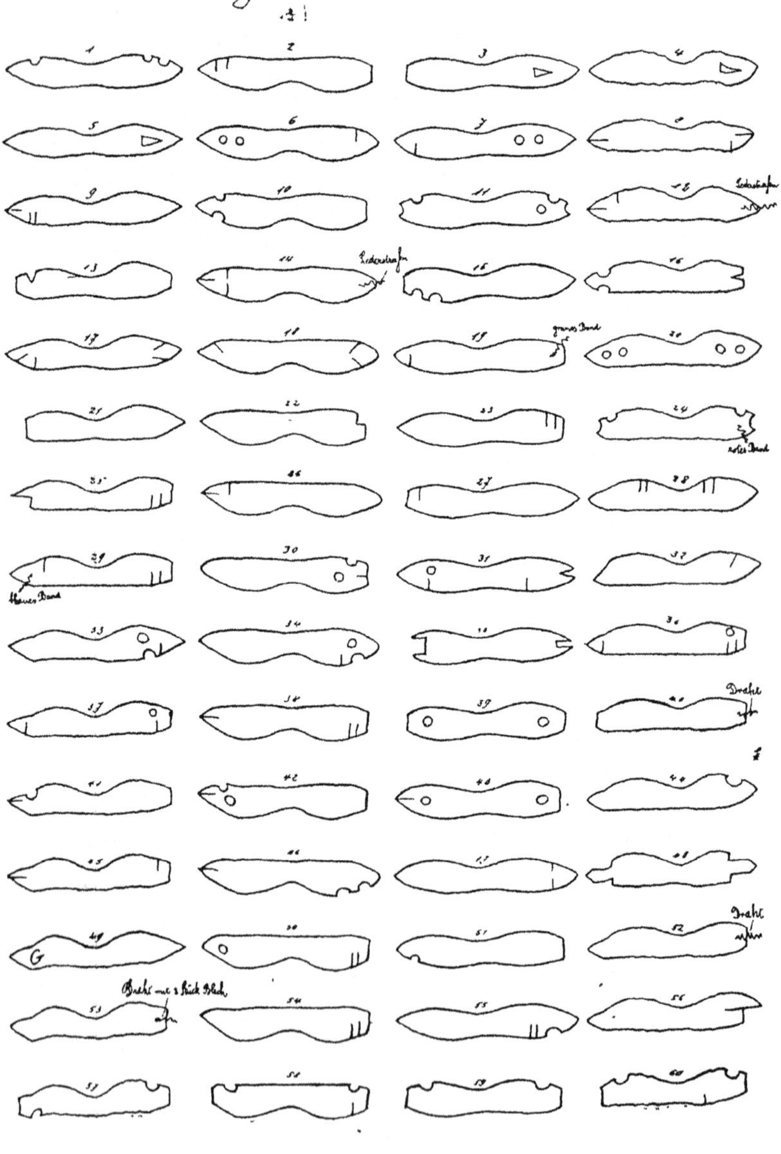

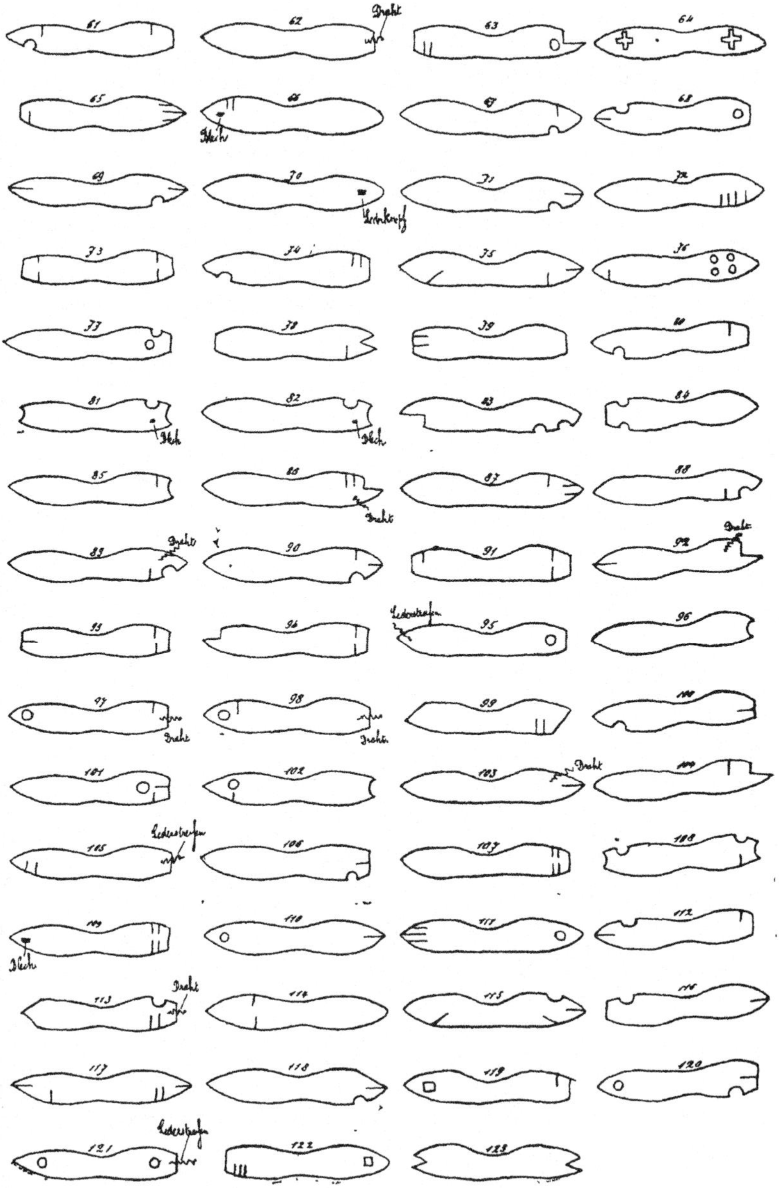

Mompe-Tavetsch

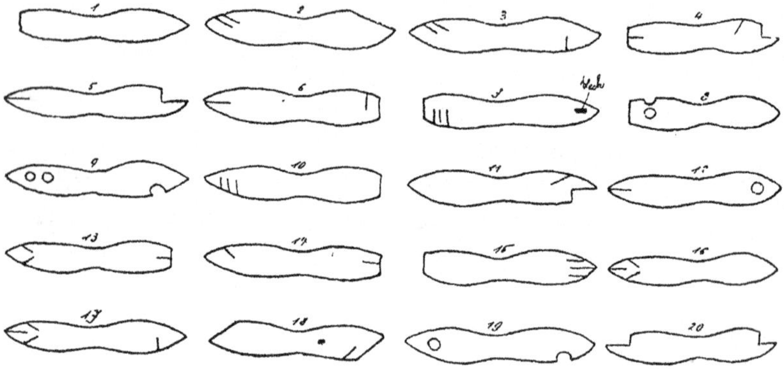

Disla

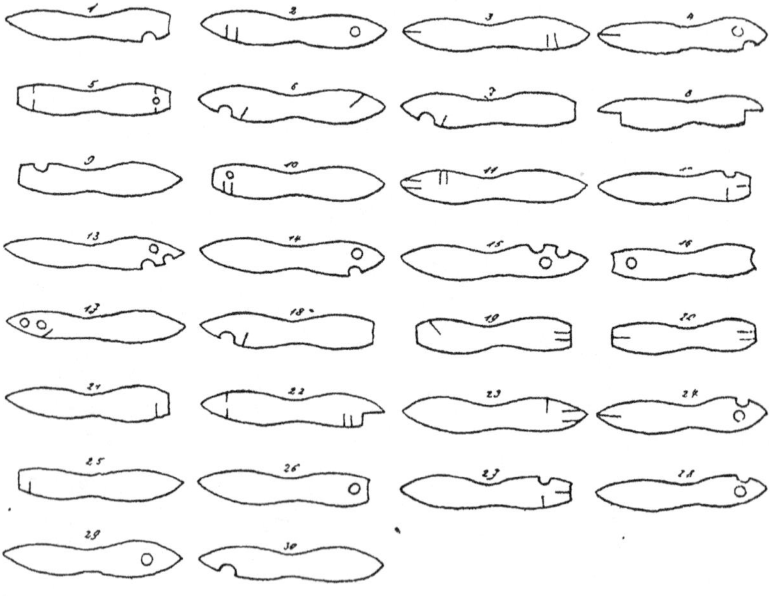

Mompe - Medel

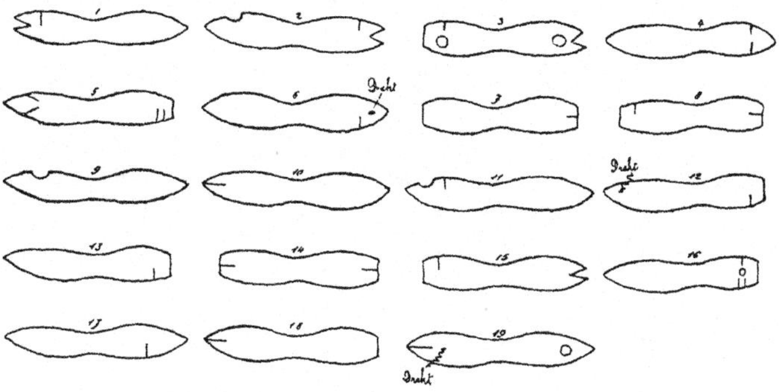

Cavardiras

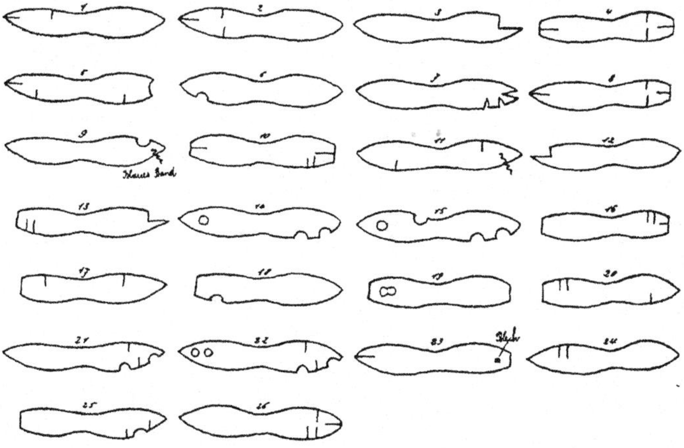

Acletta.

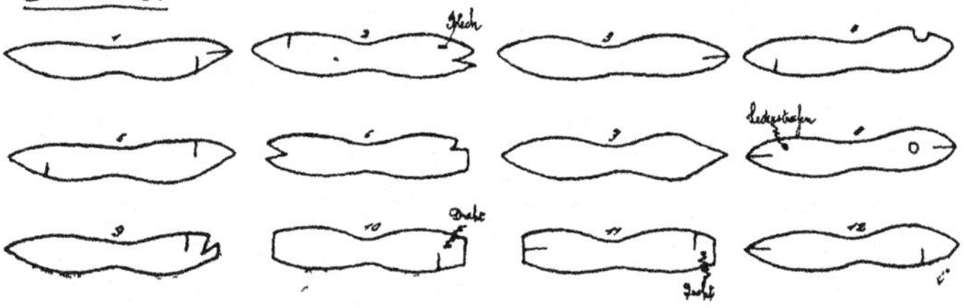

Segnes

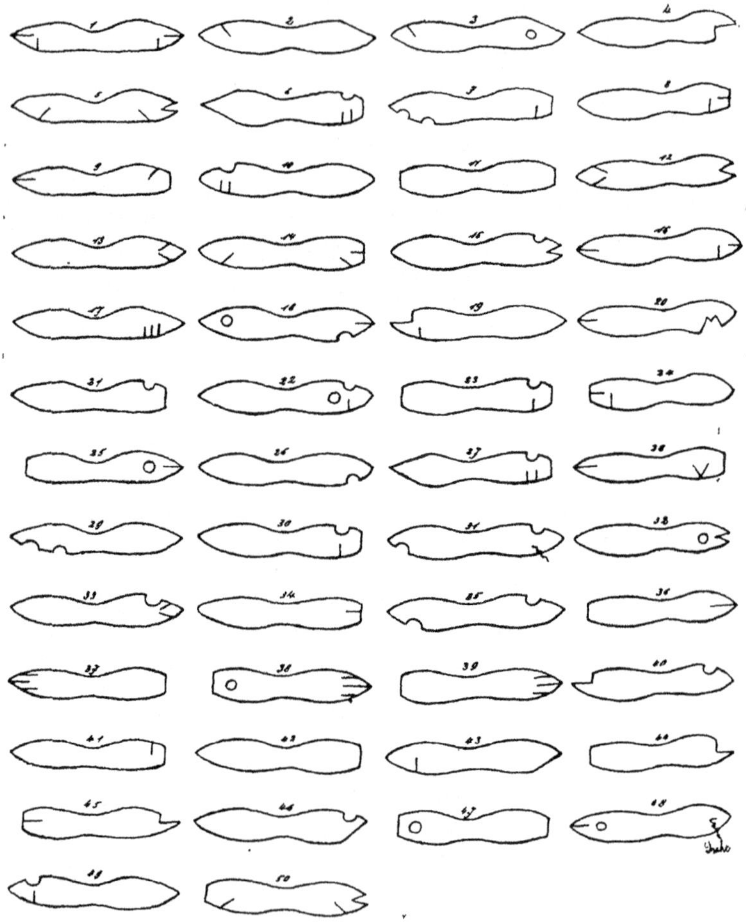

Funs - Clavaniev

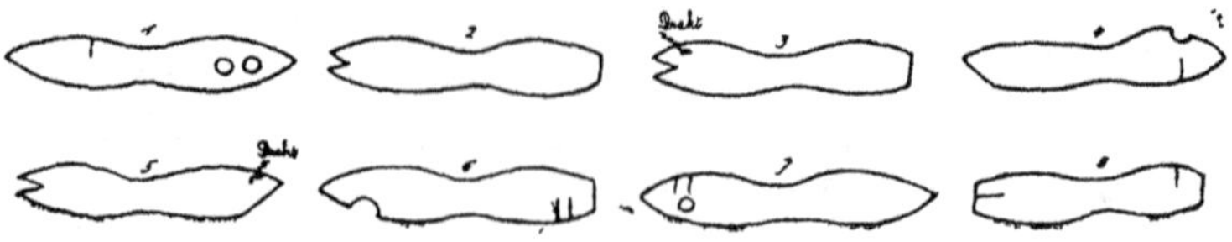

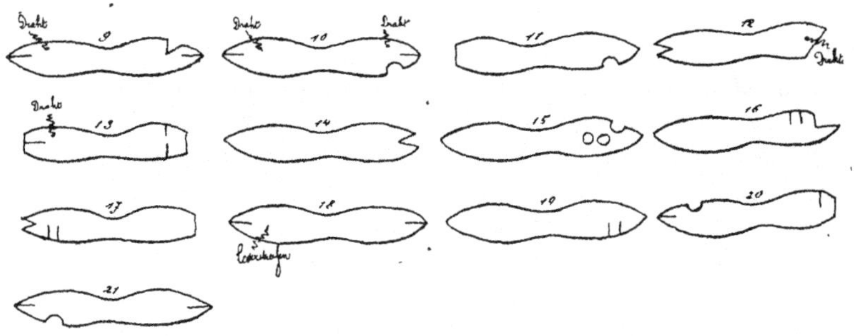

Besitzer der gezeichneten Tiere.

Disentis Dorf.

1 Agosti, Gebrüder.
2 Albin, Jos. Ant.
3 Andrioli, Joh. Bapt.
4 Andrioli, Viktor.
5 Andrioli, Vincenz.
6 Andrinet, Paul.
7 Andrinet, Michel.
8 Berther, Joh. Bapt.
9 Berther, Matth., Lieut.
10 Bigliel, Joh. Fidel.
11 Bigliel. Maria, Ursula.
12 Bisquolm, Jos. Ant,
13 Bundi, Joseph.
14 Cagenard, Peter, Statthalt.
15 Capeder, Rosa.
16 Capeder, Niklaus.
17 Garigiet, Joachim.
18 Carigiet, Joh. Bapt.
19 Castelberg, Sigisbert, Oberst.
20 Castelberg, Joachim.
21 Kloster (Claustra).
22 Cathomas, Joh. Ant.
23 Caviezel, Schwestern.
24 Columberg, Anton.
25 Caplazi, Karl.
26 Condrau, Anna Maria.
27 Gondrau, Joh. Fidel,
28 Condrau, J. J., Präs.
29 Condrau, Dr., Augustin.
30 Decurtins, Jos. Ant.
31 Deflorin, Präs.
32 Deflorin, Joh. Bapt.
33 Desax, Placidus.
34 Desax, Christian Jos.
35 Durgai, Placidus.
36 Durgai, Maria Ursula.
37 Durgai, Weibel.
38 Condrau, Genoveva.
39 Fontana, Thomas, Ant.
40 Fontana, Magdal.
41 Flepp, Joh. Bapt.
42 Flepp, Curdin.
43 Flepp, Jos. Maria.
44 Flip, Christ. Ant.
45 Fri, Lorenz, Dachdecker.
46 Friberg, Placidus,
47 Friberg, Joh. Bapt.
48 Gadolla, Christoffel.

49 Gadolla, Wilhelm.
50 Genelin, Joh. Benedikt.
51 Genelin, Joh. Ant.
52 Giger, Jos. Maria.
53 Giger, Joachim.
54 Giger, Ghrist. Fidel.
55 Hosang, Moritz. Landjäger.
56 Huonder, Alois.
57 Huonder, Placidus.
58 Huonder, Joh. Sebastian.
59 Huonder, Schwestern.
60 Jacomet, Katharina.
61 Lechmann, Jos. Ant.
62 Luz, Placidus.
63 Luz, Joh. Martin.
64 Meyer, Siegfried.
65 Maissen, Jos. Ant.
66 Maissen, Joachim.
67 Maissen, Jos. Ant.
68 Maissen, Joach. Adalbert.
69 Manetsch, Anna Maria.
70 Manetsch, Joh. Ant., Sattler.
71 Manetsch, Joh. Valentin.
72 Manetsch, Susanna.
73 Mon, Jos. Mathias.
74 Mon, Librata.
75 Mon, Joh. Bapt.
76 Mon, Maria.
77 Mon, Joh. Jos.
78 Mon, Christian.
79 Mon, Rosa, Martina.
80 Mon, Margretha.
81 Petschen, Sigisbert.
82 Petschen, Jakob.
83 Riedi, Jakob, Fidel.
84 Rudolf, Joh. Fidel.
85 Sac, Jos. Anton.
86 Sac, Joh. Bapt.
87 Schwarz, Joh.
88 Schmid, Hans.
89 Schmid, Jos. Anton.
90 Schmid, Placidus.
91 Schmid, Joach. Fidel.
92 Schmid, Joh. Bapt.
93 Schmid, Paul.
94 Schmid, Fidel.
95 Schuoler, Jos. Math.
96 Schuoler-Tener, Math.
97 Schuoler, Jos.
98 Schuoler, Joh. Mart.
99 Simonet, Joh. Bapt.
100 Simonet, Magdal.
101 Stiefenhofer, Jos.
102 Spital
103 Tschuor, Monika.
104 Wirth, Lorenz.
105 Vinzens, Imanuel, Hauptm.
106 Vinzens, Franz, Major.
107 Wenzin, Jos. Anton.
108 Wenzin, Plac.
109 Wenzin, Joach., Müller.
110 Wenzin, Joach., Fidel.
111 Huonder, Joh. Bapt.
112 Flep, Modest.
113 Huonder-Capeder, Plac.
114 Genelin, Benedikt.
115 Mon, Sigisbert, Lehrer.
116 Genelin, Joh. Bapt.
117 Berther, Placidus.
118 Manetsch, Augustin.
119 Schmid, Joh. Bapt.
120 Winzens, Felix, Hauptm.
121 Schuoler, Fidel.
122 Wenzin-Fri, Basil.
123 Konsumgesellschaft.

Mompe-Tavetsch.

1 Albin, Joh. Bapt.
2 Berther, Lucius Jos.
3 Berther, Jos. Fidel.
4 Bigliel, Joh. Bapt., Wwe.
5 Bigliel, Jos., Lehrer.
6 Bigliel, Flurin.
7 Cumanel, Thomas.
8 Deflorin, Joh. Bapt.
9 Huonder-Schmid, Basil.
10 Huonder, Basilius.
11 Huonder, Basil. (Christ. Ant.)
12 Huonder, Balthasar.
13 Jacomet, Balthasar.
14 Jacomet, Thomas.
15 Maissen, Jos. Fidel.
16 Maissen, Joach., Statth.
17 Maissen, Joach.
18 Sac, Joh. Jos.
19 Schmid, Placidus, Ant.
20 Bigliel, Felix, Lehrer.

Disla.

1 Berther, Curdin u. August.
2 Berther, Christ. Jos.
3 Bisquolm, Plac., Lehrer.
4 Bisquolm, Joach. Ant.
5 Bigliel, Joh. Benedikt.
6 Columberg, Jos. Ant.
7 Casaulta, Anselm.
8 Deflorin, Christ. Ant.
9 Genelin, Joh. Bapt., Hauptm.
10 Genelin, Josepha, Wwe.
11 Huonder, Felix.
12 Huonder, Joh. Bapt.
13 Mon, Joh.
14 Mon, Jos. Maria.
15 Mon, Joh. Bapt.
16 Riedi, Joh. Chrysostom.
17 Schmid, Katharina.
18 Stiefenhofer, Christ. Ant.
19 Simonet, Michel.
20 Simonet, Martin.
21 Schmid, Lucius.
22 Steger, Jul. Jos.
23 Schwarz, Martin (Joh.).
24 Walier, Peter, Schmid.
25 Zanetti, Anna Maria.
26 Bigliel, Lucius Ant.
27 Huonder, Thomas.
28 Mon, Schwestern.
29 Huonder, Agatha, Wwe.
30 Bigliel, Placidus.

Mompe-Medel.

1 Albin, Jos. Maria.
2 Candinas, Joh. Adalbert.
3 Casut, Barbara.
4 Curti, Peter.
5 Desax, Alois.
6 Decaminada, Imanuel.
7 Jacomet, Nikl. Jos.
8 Jacomet, Joh. Bapt.
9 Levi, Bapt.
10 Luz, Geschwister.
11 Manetsch, Joh. Ant.
12 Manetsch, Lucius.

13 Manetsch, Joh. Valent.
14 Riedi, Virgilius.
15 Simonet, Brigitta.
16 Simonet, Joh. Mathias.
17 Simonet, Jos. Ant.
18 Truaisch, Jos. Andreas.
19 Wenzin, Jos. Maria.

Cavardiras.

1 Bisquolm, Christ.
2 Bisquolm, Simon.
3 Bisquolm, Brigitta.
4 Bundi, Antonia.
5 Bundi, Joh. Anton.
6 Bundi, Joh. Franz.
7 Castelberg, Jos. Fidel.
8 Columberg, Joh. Anton.
9 Disch, Juliana.
10 Deflorin, Jak. Martin.
11 Luz, Christ. Jos.
12 Luz, Jos. Ant.
13 Luz, Joh. Jos.
14 Mon, Jak. Anton.
15 Mon, Joh. Franz.
16 Mon, Anton (Joh. Viktor).
17 Mon, Joh. Anton.
18 Mon, Jos. Fidel.
19 Mon, Basilius.
20 Maissen, Joh. Fidel.
21 Schmid, Joh. Bapt.
22 Schmid, Fidel.
23 Steger, Placidus.
24 Schuoler, Gebrüder.
25 Tschupina, Joh. Bapt.
26 Tschuor, Joh. Bapt.

Acletta.

1 Berther, Niklaus.
2 Berther, Schwestern.
3 Beeli, Katharina.
4 Candinas, Joh. Bapt.
5 Candinas, Joh. Vincenz.
6 Desax, Christ. Anton.
7 Deragisch, Gebrüder.
8 Genelin, Placidus.
9 Huonder, Alois.
10 Maissen, Peter.
11 Maissen, Joh. Bapt.
12 Simonet, Curdin.

Segnes.

1 Berther, Thomas.
2 Berther, Schwestern.
3 Berther, Anton.
4 Berther, Stephan.
5 Berther, Joh. Bapt.
6 Bigliel, Joach.
7 Capeder, Lucia.
8 Decurtins, Geschwister.
9 Deflorin, Math.
10 Deflorin, Vinzens.
11 Deragisch, Michel.
12 Desax, Beistand (Assisten).
13 Durschei, Joh. Anton.
14 Durschei, Thomas.

15 Durschei, Placidus (für die kleinen Tiere).
16 Durschei, Plac. (für die grossen Tiere).
17 Fri, Kaspar.
18 Fri, Thomas.
19 Fri, Lorenz.
20 Friberg, Placidus.
21 Friberg, Joh. Bapt.
22 Fluri, Schreiber.
23 Fluri, Joh. Jos.
24 Genelin, Crescenzia.
25 Huonder, Stephan.
26 Huonder, Joh. Bapt.
27 Huonder, Placidus.
28 Huonder, Karl.
29 Huonder, Joh.
30 Huonder, Nikl.
31 Huonder, Jos. Ant.
32 Hosang, Niklaus.
33 Jacomet, Joh. Bapt.
34 Luz, Martha.
35 Maissen, Jos. Valentin.
36 Maissen, Joh. Bapt.
37 Maissen, Michel, Förster.
38 Maissen, Joh.
39 Maissen, Jos. Michel.
40 Mon, Schreibers, Geschw.
41 Mon, Sigisbert.
42 Muoth, Joach.
43 Sac, Christ. Jos.
44 Schmid, Joh. Bapt.
45 Schmid, Thomas.
46 Sialm, Placidus.
47 Stiefenhofer, Joh.
48 Wenzin, Jak.
49 Fluri, Placidus.
50 Deflorin, Joh. Jos.

Funs-Clavaniev.

1 Andrinet, Schwestern.
2 Disch, Joach.
3 Deflorin, Jos. Fidel.
4 Flep, Jos. Maria.
5 Giger, Joh. Bapt.
6 Genelin, Michel.
7 Maissen, Bonifacius.
8 Maissen, Plac. u. Chr. Math.
9 Manetsch, Jak. Anton.
10 Manetsch, Joh. Jos.
11 Mon, Joh. Bapt.
12 Nuth, Joh. Bapt.
13 Schmid, Maria Ursula.
14 Tener, Peter.
15 Wenzin, Josef, Ant.
16 Werth, Jos. Ant.
17 Disch, Barbara.
18 Berther, Joh. Marth.
19 Mirer, Kaspar.
20 Flepp, Modest.
21 Flepp, Placidus.

F. Volksdichtung.

Will man ein Volk genau kennen lernen, so braucht es dazu viel Zeit, viel Eifer und viel Liebe zu demselben. Gar viele verborgene Schätze finden sich in der Volksseele verborgen und harren darauf, von einer glücklichen Hand ans Tageslicht gebracht zu werden. Auf litterarischem und folkoristischem Gebiet hat dies für die Rätoromanen Herr Nationalrat Dr. C. Decurtins (siehe Litteraturverzeichnis) in Truns mit grossem Geschick getan. Mit liebevoller Hingebung sammelte er Jahrzehnte lang zu Berg und Tal, auf freier Alp und in düsterer, dumpfer Stube, was er an Manuscripten und Büchern finden konnte, oder liess sich stundenlang Märchen, Sagen, Sprichwörter, Landwirtschaftsregeln und Volksbräuche erzählen und belauschte die fröhliche Kinderschar bei ihren Spielen. So kam allmählig ein Werk zustande, auf welches das romanische Volk mit Recht stolz sein darf. Ich teile daraus im Folgenden eine kleine Auswahl mit, deren Uebersetzung ich der Güte des Verfassers zu danken habe.

Märchen.

Vom rätoromanischen Märchen sagt Carnot ('98, S. 85) folgendes: „Wenn man auf den heitern Hügeln Griechenlands und in den eichenumschatteten Dörfern Irlands auffallend ähnliche Märchen findet, wird man sich nicht wundern, dass die Rätoromanen auch vom Aschenbrödel „Schendraletga" erzählen. Da schon Odysseus als Fremdling demütig sich auf die Asche am Herd setzt, lässt auch der Rätoromane das arme Mädchen auf der Asche unter der Getreideschwinge schlafen; doch wird alles so erzählt, dass ein rätoromanisches Kind keinen fremden Ausdruck hört; das Mädchen erhält ein blaues Kleid der Sterne, des Mondes und der Sonne, die Unterhaltung beim König heisst biala stiva (schöne Stube). Gerade darin liegt der Reiz ähnlicher Märchen, dass man sieht, wie der tiefliegende gemeinsame Brunnen hier Quellen hervorsendet, die durch einen Krystall oder eine Blume rätoromanische Quellen werden." Das schönste Beispiel hiefür ist das „Märchen von den drei Winden", dem ich noch einige andere folgen lasse.

Das Märchen von den drei Winden.

Vor undenklichen Zeiten lebten in einem Seitentale, mitten im Hochgebirge, ein Mann und seine Frau, die sich hart und kümmerlich durch das Leben bringen mussten. Dieses freudenlose Dasein verdross namentlich die junge Frau, welche sich oft nach schöneren und besseren Tagen sehnte. Als sie nun einmal des Abends vor der Haustüre sass und fast scheel hinüberblickte nach dem Hause des reichen Nachbarn, trat ein Mann zu ihr. Der war grün gekleidet und sah seltsam, fast bösartig drein. Zur Frau aber sprach der Grüne: „Sofern Ihr mir das gebet, was Ihr unter dem Schosse traget, erhaltet Ihr alle Tage einen runden Dukaten.“ Das war die Frau wohl zufrieden;. denn sie dachte nicht an ihre keimende Leibesfrucht, sondern an Kohlen, die sie in der Schürze hatte und erzählte das Abenteuer ihrem Manne, der ob dem närrischen Fremden hell auflachte. Nach einigen Monaten genas die Frau eines gesunden Knaben, dem ein frommer alter Einsiedler und die Edelfrau des nächsten Schlosses Paten standen. Am Abend des gleichen Tages aber kam der grüne Mann in die nämliche Hütte, legte einen Beutel voll Gold auf den Tisch, sagte dem Vater, er werde den Knaben binnen sieben Jahren holen und verschwand. Erst jetzt begriffen die beiden Eltern, was der Unheimliche an jenem Abend gemeint hätte, weinten und wussten sich nicht zu helfen. Allein der gute alte Einsiedler, dem sie sich anvertrauten, hiess sie guten Mutes sein, den Knaben gut erziehen und denselben ihm, dem Einsiedler, nach dem fünften Jahre übergeben. So taten die Eltern und der Knabe wuchs stark und schön auf und als er das fünfte Jahr vollendet hatte, ging er in den Wald zum Einsiedler. Dieser lehrte ihn fremde Sprachen lesen, namentlich in einem uralten vergilbten Buche. Als das siebente Jahr herangekommen war, befahl der Einsiedler dem Knaben, sich an einen Kreuzweg zu stellen, im gewohnten Buche zu lesen und was auch immer um ihn vorgehe, weder links noch rechts zu blicken. Der Knabe gehorchte und las, mitten im Kreuzweg stehend, ruhig in seinem Buche. Da aber klang und sang es um ihn so wundervoll, dass er aufblicken musste. Wie im Traum verloren, lauschte der Knabe den fremden Tönen und wähnte sich im Paradies. Aber ehe er sich's versah, rauschte ein mächtiger Adler hernieder. ergriff ihn und trug ihn empor über die Bergspitzen, musste aber seine Beute fahren lassen, weil der Knabe noch ununterbrochen im Buche seines Lehrers las. Der Bube fiel sanft und schmerzlos auf den höchsten Grad des Julierberges und ward von drei feenhaften Jungfrauen (uldeunas) in ihren krystallenen Palast getragen.

Dort lebte der Knabe ein seliges Leben und als der erste Flaum sein Kinn zu bedecken begann, entbrannte er in heisser Liebe zur jüngsten und anmutigsten der drei Schwestern und begehrte sie zur Frau. Diese willigte ein und niemand war glücklicher, als der zum stattlichen Jüngling herangereifte Knabe. Vor der Hochzeit erbat er sich indessen Urlaub von der holden Braut, um die Eltern und Paten zu besuchen. Unter Tränen nahmen die beiden Abschied von einander, und sie gab ihm in der letzte Stunde einen Ring mit einem glänzenden Edelstein und sprach dabei: „Wenn Du diesen Ring nach dem Julierberge drehst, so muss ich, wo Du auch sein magst, vor Dir erscheinen. Hüte Dich aber vor unnützem Gebrauche!“ Der Jüngling gelobte, dem Rate seiner Braut zu folgen und war, ehe er noch denken konnte, im väterlichen Haus und bald darauf in der Burg seiner hohen Patin. Diese konnte sich an dem schönen, jungen Manne nicht satt sehen und wollte ihn mit ihrer jüngsten, bezaubernd schönen Tochter vermählen. Aber das Patenkind lachte darüber, drehte den Ring und vor ihm stand seine liliengleiche Braut; aber nicht Güte leuchtete aus ihrem Auge, sondern finsterer, strafender Ernst. Und beide zogen von dannen und kamen abends in eine Herberge, wo sie Ruhe suchten. Während der Nacht streifte aber die Feenbraut leise den Ring vom Finger des Geliebten und verschwand. Das Erwachen des jungen Mannes war kein freudiges; Braut und Ring beglückten ihn nicht mehr. Er machte sich auf und fragte überall nach dem krystallenen Palaste auf dem Julierberge und der lilienweissen Jungfrau mit dem glänzenden Ring am Finger; aber die Leute spotteten seiner und er schweifte ruhelos, vergebens sein Ziel suchend, in den Schluchten und Wäldern der unwirtlichen Alpen umher. So ging er eines Abends durch einen finstern Tannenforst und als er jammernd auf einem Steine sass, kam ein uralter Mann mit weissem Haar des Weges gegangen und fragte ihn, was sein Herz bedrücke. „Ich suche", gab der Jüngling zu Antwort, „den Julierberg mit den drei lilienweissen Jungfrauen und dem krystallenen Schlosse." Die Aufgabe sei nicht leicht zu lösen, meinte der Alte, aber er wolle helfen und gab ihm ein Paar Filzschuhe (scalfins), welche ihren Träger mit jedem Schritt drei Meilen weit zu bringen vermochten. Und der Greis sagte: „Ich bin der Nordwind (l'aura sut)", blies und der Jüngling ward auf den Flügeln des Unterwindes drei Meilen tiefer in den Wald getragen. Dort stand am Eingang einer Höhle wieder ein alter Mann mit grauem Haar und grauem Barte und sagte zu ihm: „Ich weiss, warum Du kommst und will dir helfen; ich bin der Südwind (il luft sura) und schenke Dir diesen Hut, der Dich unsichtbar macht." Sprach's und blies, und den Jüngling trugen die Winde des Südens noch drei Meilen tiefer in den Wald. Und wieder stand ein Greis vor dem Jüngling, uralt und struppig, wilden Blickes und noch kräftigen Körperbaues. Seine Stimme klang wie rollender Donner, als er die Worte sprach: „Was Du suchst, liegt ob jenem Felsen, über welchem dich weder der Ober- noch der Unterwind tragen können. Ich bin der Föhn (favugn) und habe alle Macht im Hochgebirge. Nimm diesen Stock, schwinge ihn hoch in die Lüfte und Du wirst Dein Ziel erreichen." Der Jüngling warf den Stock in die Höhe und sah bald, vom heissen Föhn getragen, den krystallenen Palast hell in der Sonne glänzen.

Bangen Herzens trat er in die schimmernden Hallen. An sein Ohr schlugen die Töne einer fröhlichen Hochzeitsfeier und er sah seine Braut an der Seite eines fremden Mannes beim Brautmahle sitzen. Und als es am tollsten zuging, nahm der Jüngling, nachdem er sich mit dem Hute des Südwindes unsichtbar gemacht hatte, alle Speisen weg, die vor seiner Braut lagen, so dass diese entsetzt aufsprang und in ihr Schlafgemach eilte. Er folgte ihr, zeigte sich ihr und in ihrem Herzen siegte die alte Liebe. Zusammen stiegen sie wieder in den Saal hinab und die Braut legte den Gästen die Frage vor, was sie wohl täten, wenn ein Schlüssel verloren gegangen, ein neuer gemacht worden wäre und der alte wieder gefunden würde. Einstimmig hiess es, es sei der alte und nicht der neue zu brauchen. Lächelnd wies sie auf den Jüngling, reichte ihm die Hand und ward seine Frau.

Die Königstochter, die ihren Vater so gern hatte, wie das Salz.

Es war einmal ein König, der hatte drei Töchter. Eines Tages fragte er diese, wie gern sie den Vater hätten. Die älteste der Töchter sagte, sie habe ihn gerne, wie den Augapfel. Die andere sagte, sie habe ihn so gerne, wie sich selber, und die jüngste Tochter erklärte, sie habe den Vater so gerne, wie das Salz, das den Speisen Geschmack verleihe. Mit den zwei älteren war der Vater wohl zufrieden, der jüngsten Tochter verübelte er es aber schwer, dass sie ihn nur so gerne hatte, wie das Salz, und er jagte sie aus dem Hause. Ganz traurig zog die Tochter ihre Strasse und kam zu einem See. Am Ufer desselben ruhte sie etwas aus. Da tauchte plötzlich ein Fisch hervor, der mit ihr zu reden begann und sie fragte, wohin sie gehe. Die Königstochter erzählte, wie sie aus dem Hause vertrieben worden sei, weil sie gesagt, sie liebe den Vater, wie das Salz, das den Speisen Geschmack verleihe. Dann begann sie zu weinen; aber der Fisch tröstete sie und sagte, es werde mit ihr noch recht gut gehen, sie solle nur zu dem und dem König gehen und dort einen Dienst suchen. Dann gab der Fisch der Königstochter drei Schachteln und sagte, sie solle sie erst dann öffnen, wenn sie in die Messe gehen wolle.

Etwas heiterer als vorher machte sich die Königstochter wieder auf den Weg und gelangte nach langem Wandern zum Hause des Königs, bei dem der Fisch ihr angeraten hatte, Dienst zu nehmen. Der König stellte sie als Untermagd an, um das Geschirr zu waschen und die Hennen zu füttern. Am Sonntag, da das Mädchen in die Kirche gehen wollte, öffnete sie die erste Schachtel und fand in derselben ein prächtiges seidenes Kleid. Sie hat sich dann schnell gewaschen, die Haare gekämmt und das seidene Kleid angezogen, worin sie in die Kirche ging. Der Königssohn, der oben in der Herrenbank sass, hatte bald das schöne Mädchen in dem seidenen Kleide bemerkt und konnte mit seinen Augen nicht von ihr ablassen. Aber kaum war die Messe fertig, floh das Mädchen nach Hause und der Königssohn kam zu spät aus der Kirche, um zu sehen, in welches Haus sie ging.

Am andern Sonntag hat das Mädchen die zweite Schachtel geöffnet und in derselben noch ein viel schöneres seidenes Kleid gefunden, als in der ersten. Sie zog es an und ging in die Messe. Aber diesmal behielt sie der Königssohn fest im Auge und als die Messe beendigt war und sie zur Kirche hinausging, lief er ihr nach und konnte sie erreichen, als sie gerade in das Haus seines Vaters eintreten wollte. Sie musste ihm sagen, wer sie sei und als er gehört, dass sie eine Königstochter, nahm er sie zur Braut und es gab eine gar prächtige Hochzeit. Am Hochzeitstage, ehe die Braut in die Kirche ging, öffnete sie die dritte Schachtel Dieselbe enthielt ein Kleid von purem Golde, wie man ein so schönes noch nie gesehen. Die Braut hat das Kleid angezogen und das schönste von den seidenen musste die Brautführerin anziehen. Zum Hochzeitsessen hatte man auch den König, den Vater der Braut, und viele Hochzeitsgäste geladen. Auf Befehl der Braut hatte man aber die Speisen nicht gesalzen, so dass sie gar keinen Geschmack hatten. Die Hochzeitsgäste murrten über die faden Speisen und der König, der seine Tochter nicht kannte, fragte die Braut im goldenen Kleide, warum die Speisen keinen Geschmack hätten. Die Braut antwortete, es fehle das Salz, welches jeder Speise den rechten Geschmack gebe und wie welches sie ihn liebe. Jetzt erkannte der König seine Tochter und sah ein, dass er ihr Unrecht getan. Er fiel ihr um den Hals und bat sie um Verzeihung. Später, da ihr Mann König ward, wurde sie Königin und ihr Vater, der König, blieb bei ihr, da er sie von seinen Töchtern am liebsten hatte.

Das Märchen vom lieben Herrgott.

Es war einmal ein armer Mann, der an einem Sonntag zur Messe gegangen war. Der Pfarrer hatte vom Almosengeben gepredigt, und unter anderem gesagt, wenn man Almosen gebe, zahle es der Herr hundertfach. Ganz gerührt kam der Mann nach Hause und erzählte seiner Frau von der Predigt. Sie haben dann miteinander beraten, was sie als Almosen geben könnten, damit sie auch das hundertfache erhalten würden. Die Frau erinnerte sich der Leinwand, die sie gewoben hatte und verteilte sie unter die Armen, in der festen Meinung, sie erhalte hundert Stücke dafür. Die Leute warteten jeden Tag auf die hundert Tücher, aber diese kamen nicht. Da ging der Mann selber zum Pfarrer und sagte ihm, er hätte in der Predigt gelogen, sonst müsste er jetzt die hundert Tücher erhalten. Der Geistliche tröstete den Mann, er werde das hundertfache schon noch erhalten, aber wann, könne er ihm nicht sagen. Mit dieser Antwort nicht zufrieden, machte sich der Mann auf den Weg, um zu einem Kreuzbilde zu gehen und den Herrgott selber zu fragen, wie es mit den hundert Tüchern stehe. Der Weg führte ihn an einem Herrenhause vorbei. Der Herr spazierte gerade und fragte den Mann, wohin er gehe. „Ich gehe, um mit dem Herrgott zu reden," antwortete der Mann. Da befahl ihm der Herr, er solle den Herrgott fragen, warum seine Obstbäume nicht so viel Obst wie früher brächten. Der Mann war bereit, das zu tun und ging weiter. Nachher kam er zu einem Hause, aus dem eine Frau kam, die weinte. Die Frau fragte den Mann, wohin er gehe. „Zum Herrgott," antwortete der Mann. Da bat ihn die Frau, er möge fragen, warum der liebe Gott ihre Tochter weggenommen habe. „Ich will das gerne tun," antwortete der Mann und wanderte weiter. Da kam er zu einem Kloster, wo der Abt am Fenster sass. Er fragte den Mann, wohin er gehe. „Zum Herrgott, um mit ihm zu sprechen," war die Antwort. „Dann", sagte der Abt, „frage den Herrgott, warum in meinem Kloster so viel Unfriede herrscht." Der Mann versprach, das zu tun und ging weiter.

Da er beim Kreuzbilde angekommen, machte er eine recht grosse Verbeugung, zog die Kappe recht tief ab und sagte zum Herrgott: „Guten Tag, guten Tag!" Aber der Herrgott antwortete nichts. Da rief der Mann viel stärker als vorher: „Guten Tag; sei doch nicht so stolz!" Als der Herr den grossen Glauben sah, fragte er endlich, was er wolle. Der Mann antwortete: „Das hundertfache für mein Leinwandstück." Der Herr antwortete: „Wenn es nur das ist, so gehe nur ruhig nach Hause; dann wirst Du alles erhalten." Der Mann fragte aber noch, warum die Obstbäume des Herrn nicht so viel Früchte brächten, wie früher. Der Herr antwortete: „Geh', und sage dem Herrn, er solle den bösen Hund entfernen, der die Leute nicht an das

Haus kommen lässt, und Almosen geben, dann werde es schon besser werden.“ „Behüt' Dich Gott!“ sagte der Mann und wandte sich um. Doch jetzt kam ihm die Frau mit ihrer Bitte in den Sinn. Er kehrte zum Herrgott zurück und fragte ihn, was ihm die Frau aufgetragen hatte. „Geh', und sage der Frau, ich hätte die Tochter genommen, so lange sie noch mein gewesen sei!“ „Behüt' Dich Gott!“ sagte der Mann und wollte gehen. Da gedachte er der Bitte des Abtes und sagte dem Herrn, der Abt lasse fragen, warum in seinem Kloster so viel Unfrieden herrsche. Der Herrgott sagte: „Geh' und sage dem Abte, er solle den und den Pater aus dem Kloster entfernen, er sei ein Hexenmeister, dann werde es schon besser gehen.“

Der Mann machte sich auf den Heimweg und kam wieder zu dem Kloster, wo er dem Abt erzählte, was der Herrgott gesagt und der Abt gab ihm einen Beutel voll Geld. Ganz zufrieden, dass das Hundertfache zu kommen anfange, ging er zu der Frau, die geweint hatte und erzählte ihr von der Antwort des Herrgottes. Auch diese gab ihm ein Geschenk. Als er in das Herrenhaus gekommen und sich seines Auftrages entledigt hatte, gab ihm der Herr einen noch grösseren Lohn, als die beiden andern, so dass er das Hundertfache für das Leinwandstück erhalten hatte, ehe er nach Hause kam.

Die schöne stolze Frau.

Es war einmal eine junge Frau, die sehr schön und sehr stolz war. Sie fürchtete, hässlich zu werden, wenn sie Kinder gebäre. Darum ging sie zu einer alten Frau, die zaubern konnte und bat sie, sie solle etwas machen, dass sie immer schön bleibe. Die Alte sagte, wenn sie zufrieden sei, keine Kinder zu bekommen, wolle sie schon machen, dass sie immer schön bleibe. Dann nahm die Alte drei Kaffeebohnen und mahlte sie in einer altertümlichen Mühle. Jedesmal, wenn die Frau eine Bohne mahlte, hörte man einen Schrei. Das gemahlene Pulver legte die Alte unter eine Schindel in den Misthaufen. Sie verbot noch der Frau, die Schindel zu heben, bis dreissig Jahre um seien.

Die junge Frau ist immer schön geblieben, weiss und rot, wie Milch und Blut; aber sie war nicht glücklich. An dem

Tage, da die dreissig Jahre um waren, ging die Frau im Morgengrauen bereits zu dem Misthaufen und hob die Schindel auf. Da fand sie darunter drei Kröten. Die eine mit der Kappe eines Geistlichen, die andere mit der Kappe einer Nonne und die dritte mit der Kappe eines Bischofs. Die Frau sah, dass, wenn die drei Kinder, welche die Hexe getötet, geboren worden wären, eines Geistlicher, eines Nonne und eines Bischof geworden wäre. Und sie starb vor Verdruss in kurzer Zeit.

Die roten Hosen.

Ein Jüngling musste von daheim fortgehen, um sein Brot zu verdienen. Da er unterwegs war, begegnete er einem Manne im grünen Kleide. Der Grüne fragte den Jüngling, wohin er gehe. „Mein Brot zu verdienen“, antwortete dieser. Da sagte der Herr im grünen Kleide, er wolle ihn anstellen, wenn er in seinen Dienst treten wolle. Der Jüngling fragte den Herrn, was er bei ihm zu tun hätte. Nichts als Wurzelstöcke führen mit seinen Eseln, nur dürfe er die Tiere nie anrühren. Das schien dem Jüngling keine so harte Arbeit zu sein, und er verdingte sich bei dem Herrn im grünen Kleide. Beinahe sieben Jahre führte der Jüngling Wurzelstöcke und hatte nie einen Esel angerührt. Eines Tages aber war er schon massleidig und berührte einen der Esel mit seinem Stabe. Sofort begann der Esel zu sprechen und fragte ihn, ob er wisse, wo er sei und was für Wurzelstöcke er herumführe. Er sei in der Hölle und führe Seelen; sie sei seine Patin. Der Jüngling bekam eine fürchterliche Angst; aber er fuhr mit den Eseln bis zum Abend. Am Abend machte ihm der Herr Vorwürfe, dass er den Esel berührt. Der Jüngling entschuldigte sich, die Esel wären nicht gegangen, da habe er einen weitertreiben müssen, und von jetzt an werde er sie nicht mehr berühren. Als die sieben Jahre um waren, berührte der Jüngling den Esel wieder und fragte ihn um Rat, was er machen solle. Der Esel riet ihm, er solle den Dienst verlassen. Wenn er vom Bösen den Lohn fordere und der Teufel ihn frage, was er wolle, solle er sagen: „Die roten Hosen“, und wenn der Teufel sie ihm nicht geben wolle, solle er erklären, er wolle nichts anderes; dann gebe ihm der Teufel die roten Hosen. Am Abend hat der Jüngling dem Herrn im grünen Kleide gesagt, er wolle nach Hause gehen und möchte seinen Lohn haben. „Aber was willst Du zum Lohn?" hat der Herr gefragt. „Die roten Hosen", antwortete der Jüngling. Der Herr erklärte, diese könne er ihm nicht geben. „Dann will ich nichts!" sagte der Jüngling. Da nahm der Herr aus einer grossen eisernen Truhe die roten Hosen und gab sie dem Jüngling, der sie anzog. Nach Hause zurückgekehrt, griff er in seine Hosentaschen und fand in jeder eine Dublone. Jedesmal, so oft er in beide Taschen griff, hatte er zwei Dublonen. Das gefiel dem Jüngling und er dankte noch häufig der Seele der Patin.

Diejenigen, welche die Leute, das Fleisch und den Wein erkannten.

Es waren einmal ein Mann und eine Frau, die hatten drei Knaben. Der Vater und die Mutter waren alt und sagten zu den Knaben, sie möchten gehen, um ihr Brot zu verdienen. Der ältere Sohn hat gesagt, er wolle gehen, und er war bereits ein Stück Weges gegangen, da begegnete er einem alten Manne. Dieser fragte ihn, wohin er gehe. Der Knabe antwortete, er gehe, um sein Brot zu suchen. Der alte Mann sagte: „Was willst Du Dein Brot suchen? Gehe heim und sage, Du kennest die Leute!" Der Sohn kehrte nach Hause zurück und erklärte, er kenne die Leute. Der Vater meinte, es sei ihm damit wenig geholfen, dass er die Leute kenne. Dann ging der zweite Sohn, um etwas zn verdienen. Auch er ging eine Strecke weit; da begegnete er dem alten Manne, welcher ihn fragte, wohin er gehe. Da der Knabe antwortete, er suche sein Brot, sagte ihm der Greis: „Kehre nach Hause zurück und sage, Du kennest das Fleisch!" Der Jüngling gehorchte, kehrte nach Hause zurück und sagte dem Vater, er kenne das Fleisch. Der Vater murrte, es helfe wenig, das Fleisch zu kennen, wenn man keines habe. Zuletzt ging der jüngste Sohn in die Welt, um sein Brot zu suchen, und auch er begegnete auf dem Wege dem alten Manne. Dieser fragte ihn, wohin er gehe. „Mein Brot suchen", antwortete der jüngste Sohn. Da sagte der Greis: „Gehe nach Hause und sage, Du kennest den Wein!" Der Jüngling folgte dem Rate, kehrte nach Hause zurück und erklärte dem

Vater, er kenne den Wein. Der Vater war sehr unzufrieden und sagte, das helfe wenig, wenn man keinen Wein im Hause habe.

Da zogen die drei Söhne in die Welt hinaus, um zu versuchen, ihr Brot zu verdienen. Abends kamen sie in ein Wirtshaus, wo sie ein Nachtessen verlangten. Sie sassen gerade zu Tische, als der Wirt in die Stube trat. Zwei erhoben sich und nahmen höflich den Hut ab; der tritte tat, wie wenn er den Wirt nicht sehen würde. Beim Essen nahm der zweite kein Fleisch und der dritte trank den Wein nicht. Dann begaben sich alle drei in ihr Schlafzimmer. Der Wirt wunderte sich, was die drei seltsamen Gesellen untereinander sprechen würden und er horchte am Schlüsselloch des Schlafzimmers. Da fragte der Bruder, der das Fleisch kannte, den ältesten: „Warum hast du nicht den Hut abgenommen, als der Wirt in das Zimmer trat, er ist doch ein gar stattlicher Herr?“ Der ältere Bruder antwortete: „Der ist ja nichts besseres, als ich; denn er ist ein uneheliches Kind und ich nicht; warum hast Du aber das Fleisch nicht gegessen, es war ja so gut?“ Der zweitälteste antwortete: „Ich ass kein Fleisch, weil es von einem Aas war.“ Nun fragten die beiden Brüder den jüngsten. warum er keinen Wein getrunken. Dieser sagte: „Ich trank keinen Wein von dem Fasse, in welchem die Magd ihr Kind verborgen hat.“

Da der Wirt das gehört hatte, ging er zu seiner Mutter und drängte sie, bis sie ihm gestand, dass er ein uneheliches Kind sei. Dann ging der Wirt zur Magd nnd fragte sie, was für Fleisch sie den drei Gesellen gekocht. Erschrocken gestand diese, es sei das Fleisch eines abgestandenen Hundes gewesen. Als der Wirt das Weinfass untersuchte, fand er auch wirklich ein totes Kind in demselben. Ueberzeugt, dass die drei Brüder etwas mehr wüssten, wie gewöhnliche Leute, hat der Wirt alle drei in seinen Dienst genommen und ihnen einen guten Lohn gegeben. Am nächsten Tage nahm er den Bruder, der die Leute kannte, zu einem Kirchweihfest mit, um sich eine Braut auszusuchen. Er liess viele an ihnen vorbeigehen, die dem Herrn gefallen hätten. Schliesslich fand er aber die richtige heraus und sagte dem Herrn: „Das ist eine Frau für Euch.“ Der Herr nahm die Braut mit sich nach Hause, und sie haben eine prächtige Hochzeit gefeiert und viele Jahre in Glück und Frieden gelebt. Die drei Brüder aber liessen sich's beim Wirte wohl sein.

Sagen.

Wie jede Gegend, so besitzt auch das Bündner Oberland seine Sagen, die eigene Färbung haben. Da sieht man den Schneesturm personifizirt als Mann mit weissem Tuche; die Winde als Spinnerinnen, die Gewitterwolke als brüllenden braunen Stier, die Windsbräute als Tschalarsras u. s. w. Auch die Pest, die einst so verheerend aufgetreten, bekommt im Volksmunde eine bestimmte Gestalt, sie hält als Nebelkappe ihren Einzug in die Gegenden, die sie fast ganz entvölkert. Hier einige Beispiele:

Die Spinnerin und die Spuhlerin auf Crap ner.

Innerhalb Crap ner, oberhalb Seth, wird erzählt, seien zwei Frauen, von welchen die eine spinne, und die andere spuhle. Wenn diejenige, welche spuhle, die Spuhle am stärksten drehe, so entstehe Fön und der bringe Regen. Wenn die Spinnerin am stärksten spinne, wehe ein kalter Wind, der Hagel bringe.

Die Frauen auf der Alp Strim, die Hemden nähten.

Einmal hütete auf der Alp Strim ein Bube das Vieh. Es war gerade Fronleichnamstag; aber der Knabe wusste es nicht. Die beiden Frauen nähten Hemden. Der Knabe erkannte sie und gab ihnen von seinem Essen. Sie assen aber nicht vom Brote, sondern nur vom Käse. Bevor sie weggingen, sagten sie ihm: „Schau, dass du deine Tiere hübsch beisammen hast; denn heute gibt es noch ein böses Wetter, und bald kam ein furchtbares Unwetter mit Schnee.

Der Mann mit dem weissen Tuche.

Mehrere Männer, die in der Alphütte der Alp Tgetlems waren, hörten einmal am hellen Tage allerlei Geräusch und

Lärm, wie wenn man Pfannen und Kessel, Schellen und Glöckchen einen Abhang herunter rollen würde, so dass da die Erde zitterte. Sie gingen vor die Hütte hinaus und sahen auf der Spitze des Grates einen Mann, der hin und her ging und ein Taschentuch schwang, wie wenn er die Fliegen verscheuchen wollte. Bald fiel Schnee bis tief in's Tal hinunter.

Der dunkelbraune Stier auf Fontauna freida.

Auf Fontauna freida hörten zwei Hirten, die ab Plaun grond kamen, plötzlich den Ruf: „Kommt, kommt!" Da wurde es mitten am Tage ganz dunkel in der Alphütte, dass die Hirten herumtasten mussten, um die Türe zu finden, damit sie heraus konnten. Als sie die Hütte verliessen; hörten sie ein fürchterliches Brüllen. Innerhalb der Hütte begegneten sie dann einem dunkelbraunen Stier.

Die Tschalareras und der Knabe.

Einst liessen die Eltern einen kleinen Knaben in der Tenne zurück. Die Tschalareras kamen in langer Reihe und nahmen in ihrer Wut den Knaben mit, dass man ihn nie mehr sah.

Die Tschalareras auf der Alp Naustgel.

Eines Abends war das Vieh ganz ruhig auf dem Staffel in Naustgel. Da kamen plötzlich die Tschalareras Arm in Arm über den Staffel und jagten die Kühe in die Weite. Da das Vieh am andern Morgen wieder auf dem Staffel stand, hatte es Reisig und Stroh an den Füssen.

Der Kuhmagen mit Augen in Arliun.

Zwei Jünglinge gingen Hengart (zu Licht oder Kilt) nach Madernal und sahen jedesmal in Arliun auf dem Wege einen Kuhmagen mit Augen, welcher versuchte, ihnen zwischen die Füsse zu rollen. Sie erzählten dies dem Pfarrer, der ihnen riet, daheim zu bleiben. Da die Burschen sagten, sie gingen in ehrlicher Absicht zu den Mädchen, gab ihnen der Pfarrer einen Stock, der mit gelben Nägeln beschlagen war und eine metallene

Spitze hatte. Er sagte dann, wenn der Kuhmagen mit Augen sich weiter zeige, sollten sie ihn mit diesem Stocke durchbohren. Als die Knaben wieder eines Abends nach Madernal gingen, rollte ihnen der Kuhmagen mit Augen entgegen. Ohne Zögern durchbohrten die Jünglinge den Kuhmagen mit dem Stocke, den ihnen der Pfarrer gegeben, und unter fürchterlichem Gebrülle rollte der Kuhmagen hinab in den Rhein. Nachher haben sie den Kuhmagen nie mehr gesehen.

Der Kuhmagen mit Augen auf Giuf.

Eine Frau auf Giuf hatte nachts ihr Vieh nicht in den Stall gebracht, da es bald Zeit zum Alpladen war. Da es dunkel wurde, schien eine Kuh den Stier suchen zu wollen und lief in gewaltigen Sprüngen gegen den steilen Abhang oberhalb Selva hin und bald rollte sie denselben hinunter. Voll Furcht eilte die Frau den steilen Abhang hinab, um ihre Kuh zu suchen und zu sehen, ob dieselbe noch am Leben sei. Da sie den Abhang hinabkroch, rollte ihr ein Kuhmagen mit Augen in den Schoss. Vor Furcht und Schrecken fiel die Frau in Ohnmacht und kam erst am andern Morgen zu sich. Als sie nach Hause zurückkehrte, war ihre Kuh gesund und heil am frühern Orte.

Der Brunnen in Clavadi.

Einmal waren mehrere Kinder beim Brunnen in Clavadi. Da sahen sie, dass Münzen im Brunnen aufbrodelten. Jedes nahm eine Handvoll und brachte sie nach Hause. Die Eltern sahen, dass es schöne neue Blutzger waren und gingen rasch zum Brunnen hin. Da aber grosse Leute herzukamen, brodelten keine Blutzger mehr herauf.

Der Ahorn bei der St. Anna-Kapelle.

Im Franzosenkriege, nachdem die Unseren bei Reichenau geschlagen worden, sind die Franzosen durch Truns gezogen und haben auf den Ahorn bei der St. Anna-Kapelle geschossen. Da floss Blut aus dem Ahorn ob des Schmerzes, den er empfand, weil die Bündner ihre Freiheit verloren. — Unter den Wurzeln des Ahorns in Truns ist ein goldener Quell.

Der Stein des heiligen Zeno.

Im Walde ob Schleuis ist ein Stein, wo der heilige Zeno war. Viele werfen, wenn sie an dem Steine vorbeigehen, einen Zweig auf denselben.

Der Stein von Martgiuna.

In Laus, auf einer Wiese, Martgiuna genannt, befindet sich ein Stein, der das Maal eines Schuhes trägt. Zur Zeit der Reformation, da der Abt Castelberg im ganzen Hochgericht Disentis predigte, beging er das ganze Hochgericht in drei Schritten. Diesen ersten, den er von Disentis wegmachte, tat er auf den Stein in Martgiuna und hinterlies das Maal seines Schuhes.

Die Pest in Brigels.

Die Pest kam eines Abends als eine Nebelkappe nach Brigels. Sie lies sich nieder in der Stube des Hauses wo jetzt das Hotel Kistenpass steht. Es starben alle die in dem Hause waren und nachher noch beinahe die ganze Gemeinde,

Die Pest in Sumvix.

Zur Zeit der Pest sah man in Somvix nur drei Lichter. Die Kühe grasten mitten im Sommer unterhalb des Dorfes und die Euter zerplatzten vor der Fülle der Milch, weil niemand sie melkte. Der Pfarrer von Somvix brachte das Allerheiligste nach Surrhein nnd da er nach Hause zurückkehrte, sank er auf der Brücke tot nieder.

Die Elf von Schlans.

Da die Pest in Schlans aufhörte, waren sehr wenig Leute zurückgeblieben. Als am St. Markustage die vielen Processionen nach Schlans zogen, gingen alle Schlanser in die Kirche und die Fremden zählten ihrer Elf. Daher kommt es, dass man sagt: „Die Elf von Schlans.“

Kinderreime.

Auf grosses Alter weisen die Kinderreime hin, die bei den Spielen gesungen werden. Auch sie zeigen grosse nationale Eigentümlichkeit.

Brigitte, Brigitte, hässliche,
Aus Lugnetz bist du gekommen
Gelb und klein, wie das böse Jahr
Und hast zu streiten mit gross und klein.

Ich und du haben Vermögen zu teilen
Eine Maus, einen Vogel und eine halbe Geiss.

Nana, nana, zeua,
Die Katze hat den Schwanz gebrochen;
Der Pfarrer hat ihn heilen wollen;
Der Küster wollt es nicht geschehen lassen.

Tgu, tgu, Ritter
Vier Batzen einem Wirte.
Der Wirt ging nach Rom,
Kaufte eine schöne Frau,
Kam auf die St. Agatha-Brücke,
Liess sie hart zu Boden fallen.
Der Vogel sagte schön, schön,
Steh auf, bevor du gehst!
Die Frau stand auf;
Sie ging schnell nach Haus;
Sie ass einen Kübel voll Schmalz,
Dass sie zerbarst.

Wenn du Hunger hast,
So nage an deiner Ferse;
Wenn du Durst hast,
So sauge aus einer Wand;
Wenn du Schlaf hast,
So schlafe auf einem Spinngewebe.

Es regnet und es scheint die Sonne,
Es wachsen Narren zwischen den harten Steinen.

Es regnet und es scheint die Sonne;
Die Hexen halten Rat unter einem Kleidungsstücke.

Es wird regnen,
Die Katze bewegt sich,
Der Himmel ändert sich,
Der Mond trübt sich,
Die Hunde gehen zur Hochzeit,
Und die Armen gehen zu Grunde.

Hangen und ziehen,
Knaben genug zu verkaufen;
Arbeiten und sich plagen,
Mädchen ist es teuer zu kaufen.
Knaben gibt es zehn für einen Tannenzweig,
Mädchen nur eines für eine Zechine.

Der Teufel fährt in der Kutsche
Und zerbricht alle Gebeine;
Das kleine und das grosse,
Und macht einen rechten Hexentanz.

Nani zolli, vica zolli,
Wenn es ein Knabe ist,
So wollen wir ihn behalten;
Wenn es ein Mädchen ist,
So wollen wir es hinauswerfen
Und es fressen lassen vom Toto,
Vom kleinen und vom grossen
Und von jedem der es mag.

Nebel, Nebel bis hinaus nach Fellers.
Deine Mutter ist auf der Bank;
Dein Vater ist auf dem Boden,
Dein Bruder ist unter dem Bette,
Deine Schwester ist unter dem Ofen,
Deine Grossmutter ist in der Grotte
Und leckt, bis sie zerberstet.

Alte Sprüche.

Gott bewahre vor dem bösen Nachbar, vor der gemeinen Hand und vor dem ewigen Feuer.

Jenseits des Meeres ist eine Kapelle aus Gold, Weihrauch und Myrrhen gebaut. Im Innern schön bemalt; das Aeussere schön vergoldet. Dort war unsere liebe Frau, die heilige Maria, welche sagte: „Was macht ihr, schlaft ihr oder wacht ihr? Ich schlafe nicht und wache nicht. Ich habe diese Nacht einen grossen und schweren Traum gehabt, dass mein Sohn gekreuzigt worden sei.“ Wer dieses Gebet vor dem Essen und Trinken sagen wird, dem wird sie den Himmel schenken und ihn seines Nachbars Gut nie berühren lassen.

Tavetscher Zaubersprüche.

Gott gab einer Gebärmutter zwei, die helfen wegnehmen und die liebe, gute, heilige Sibilla und die liebe, gute, heilige Giglia, die lieben, guten, heiligen drei Könige, die liebe, gute Dreifaltigkeit; unser lieber Herr Jesus Christus nehme das Uebel weg im Namen der heiligen Dreifaltigkeit. Macht sofort, rasch zurückkehren die Gesundheit.

Oder

Ging eine Frau eine Ebene hinaus und begegnete unserer Frau. Unsere Frau sagte: „Wohin willst du gehen, Frau?“ „Ich will Arzneien suchen; meine Gebärmutter ist so bös berührt.“ Unsere Frau: „Kehre nach Hause zurück; deine Gebärmutter ist gut geheilt. Das sei im Namen des Vaters, des Sohnes und des heiligen Geistes und sei so gut geheilt. Im Namen Jesu sollst du spalten und ausbrechen!“

Die Erica des heil. Valentin.

Früher steckte der Kuhhirt auf der Alp, bevor er zum Essen ging, eine Ericastaude neben dem Vieh in die Erde. Nachdem er die Ericastaude hineingesetzt, kniete er nieder und betete: „O guter hl. Valentin, ich stecke eine Ericastaude, hüte mein Vieh, bis ich gehe und bis ich komme; ich will ein Vater unser beten und dem Vieh ein Kreuz auf dem Rücken machen.“ Dann betete er ein Vater unser und machte jedem Stück Vieh ein Kreuz auf den Rücken. Darauf ging er zum Essen. Nach der Rückkehr deckte er die Ericastaude mit Erde und betete zum Danke wieder ein Vater unser.

Das Ave Maria der Sennen.

Ave Maria, ave Maria, ave Maria.
Die hl. Maria lobe Gott mit ihrer guten hl. Gesellschaft.
Mit Jesus, Jesus Christus, Amen.
Und die Ave Maria lobe Gott,
Und den lieben hl. Petrus und den lieben hl. Paulus,
Und die Ave Maria lobe Gott,
Und den lieben hl. Mauritius und den lieben guten hl. Stefan,
Und die Ave Maria lobe Gott,
Den lieben hl. Donatus und hl. Conrad und hl. Nicolaus,
Die hüten und schützen mögen vor allem Gefährlichen.
Und die Ave Maria lobe Gott,
Den lieben, guten hl. Martin und Florin,
Und den lieben, guten hl. Valentin,
Die mögen behüten und schirmen und nie ein Tier fehlen lassen.
Und die Ave Maria lobe Gott,
Der liebe, gute hl. Gaudenz und der hl. Lorenz,
Und der liebe, gute hl. Vincenz;
Diese mögen hüten und schirmen vor allem bösen Zauber.
Und die Ave Maria lobe Gott,
Den lieben hl. Jakob, den lieben, guten hl. Placidus.
Und die Ave Maria lobe Gott,
Den lieben, guten hl. Joseph und den lieben, guten hl. Antonius.
Und die Ave Maria lobe Gott,
Den lieben, guten hl. Vendelin,
Er lasse keinem Stücke schaden, noch es wegnehmen.
Und die Ave Maria lobe Gott.
Der liebe, gute hl. Victor
Der behüte das Vieh und den Hirten bei Gut und Ehre.
Und die Ave Maria lobe Gott.
Der liebe, gute hl. Johann
Der behüte und schirme vor allem Schaden.

Und die Ave Maria lobe Gott.
Den lieben, guten hl. Simon und den lieben, guten hl. Balun.
Die behüten und schirmen vor allem Unwetter uud vor dem Blitz.
Und die Ave Maria lobe Gott.
Den lieben, guten hl. Remigius,
Der behüte und schütze alles, was auf den Staffel gehört.
Und die Ave Maria lobe Gott.
Der liebe, gute hl. Benedikt,
Der behüte und schirme alles, was unter das Dach gehört,
Dass alles aufrecht und wohl bleibe.
Und die Ave Maria lobe Gott.
Die liebe, gute hl. Anna und die liebe, gute hl. Elisabeth.
Und die Ave Maria lobe Gott.
Die gute hl. Brigitta.
Und die Ave Maria lobe Gott.
Die gute heil. Ursula mit den 10000 Jungfrauen.
Und die Ave Maria lobe Gott.
Die liebe, gute hl. Agnes und die liebe, gute hl. Theresia.
Und die Ave Maria lobe Gott.
Die liebe, gute hl. Kathrina und die liebe, gute hl. Cäcilia.
Und die Ave Maria lobe Gott.
Die gute hl. Emerita und die liebe, gute hl. Monika.
Und die Ave Maria lobe Gott.
Die gute hl. Sarah und die liebe, gute hl. Clara.
Und die Ave Maria lobe Gott.
Die liebe, gute hl. Lucia,
Die möge uns doch auf den rechten Weg führen.
Und die Ave Maria lobe Gott.
Die liebe, gute hl. Agatha und die liebe, gute hl. Barbara,
Die mögen uns doch alle gesund nach Hause führen.
Und die Ave Maria lobe Gott.
Sei ausgerufen zu Lob und Ehre Gottes und aller Heiligen,
Oben im Himmel die allerheiligste Dreifaltigkeit.
Jetzt will ich mich mit dem Zeichen des hl. Kreuzes bezeichnen.
(Es werden drei Kreuze über die Alp hin gemacht.)
Jetzt habe ich mich mit dem hl. Kreuze bezeichnet.
O Gott sei mit uns, immer, immer, Amen.
Gott behüte vor allen bösen Leuten,

Gott behüte vor allem bösen Wetter,
Gott behüte vor allen Strafen und Plagen.
Bewahre Gott und behüte Gott einen jeden, wer er auch sei,
Amen.

Landwirtschafts- und Wetterregeln.

Direkt abhängig von den Erzeugnissen der Landwirtschaft und in inniger Beziehung zur umgebenden Natur lebend, hat der Oberrheintaler, wie auch anderswo der Bauer, es gelernt, auf den Gang der Witterung genau zu achten. Durch eigene langjährige Beobachtung und durch Uebernahme der Erfahrungen seiner Vorfahren hat er es so weit gebracht, aus gewissen Vorzeichen mit mehr oder weniger Sicherheit auf die kommende Witterung, auf nasse oder trockene Zeiten, auf ein fruchtbares oder unfruchtbares Jahr zu schliessen. Ich lasse hier eine Anzahl solcher Landwirtschafts- und Wetterregeln folgen, wie sie sich in grosser Zahl im Kreise Disentis finden:

1. Maria Lichtmess lieber den Wolf im Hofe, als die Sonne.
2. Maria Lichtmess die Hälfte vom Heu und die Hälfte vom Korn.
3. Schneewehen an Lichtmess, steht der Frühling vor der Tür.
4. Dunkle Lichtmess macht den Bauern stolz.
5. Die hl. Agatha, die halbe Fütterung.
6. Die hl. Agatha kommt mit Brot und Wein.
7. Am hl. Agathatage scheint die Sonne mitten ins Tal.
8. Die Luft, die am St. Josephstage weht, weht bis St. Georgen.
9. Ein schöner Joseph gibt ein gutes Jahr.
10. Viel Schnee am St. Josephstage, frühe Alpladung.
11. Schneit es am St. Benediktstage, schneit es noch dreissig mal auf das Dach.
12. Trockener St. Benedikt, bringt jeder Hügel Frucht.
13. Am Palmsonntag Schnee auf der Palme, Schnee auf der Ähre.
14. Wenn der Unterwind am St. Georgstag weht, bläst er bis St. Johann-Baptist.
15. Der erste Regen im Mai ist ein goldener Wagen mit Rädern und Deichsel wert.

16. Mitten im Mai Winters Ende.
17. Einen Käse, den man am Himmelfahrtstage bereitet hat, soll man nicht übers Meer nehmen.
18. Regnet es Himmelfahrtstage, so spaltet sich die Erde.
19. Regnet es am Dreifaltigkeitstage, so regnet es alle Sonntage im Sommer.
20. Regnet es am St. Johannestage, so verliert die Ähre das Korn.
21. Wie das Wetter am St. Johannestage ist, ist es an St. Michael.
22. Singt der Kuckuck nach St. Johann, gibt es ein teures Jahr.
23. Schöne Magdalene, volle Quartane. (Mass um Roggen zu messen).
24. Schönes Wetter am Jakobstag, ein fruchtbares Jahr.
25. Regnet es am St. Jakobstag, teures Heu.
26. Regnet es am St. Annatag, teures Korn.
27. Ein schöner St. Laurenziustag, ein guter Herbst.
28. Nebel im August, ein kalter Winter.
29. Ein schöner August legt Brot in den Brotkorb.
30. Ein trockener August hat die Leute noch nie arm gemacht, ein nasser wohl.
31. Die hl. Verena geht mit dem Kuchenlöffel und bringt den Kartoffelkorb.
32. Die hl. Verena sollte vormittags wild und nachmittags schön geputzt sein.
33. Schöne Verena, schöner Herbst.
34. Pisst die hl. Verena ins Hemd, gibt es einen nassen Herbst.
35. Ein schöner Michaelstag, ein gutes Honigjahr.
36. Regnet es am St. Michaelstage, gibt es einen leichten Winter.
37. Schneit es bei aufgehendem Monde am St. Gallustage bis zum Rhein, so hat der Winter ein Füllen geworfen.
38. Trockener Gallustag, trockener Sommer.
39. Am Gallustag bleibt die Kuh im Stall.
40. Ein trockener hl. Vincenzius, jeder Hügel bringt seine Frucht.
41. Am Allerseelentag ist gewöhnlich schlecht Wetter.
42. Ein schöner Matthäustag, ein böser Winter.
43. Der Martinstag bestimmt das Wetter bis Weihnachten.
44. Die hl. Katharina führt die Kühe nach Haus.
45. Am St. Luziustage verbirgt sich der Winter unter dem Teller.

46. Finstere Weihnachten, finster im Stall.
47. Schneit es zu Weihnachten, gibt es viel Obst.

Sprichwörter.

Die Sprichwörter finden sich bei allen Völkern und zeigen an den verschiedensten Orten oft grosse Uebereinstimmung. Daneben gibt es aber auch wieder solche, die genau dem specifischen Volkscharakter einer gewissen Gegend angepasst sind und die Denk- und Sprechweise der Bevölkerung in knappen Sätzen besser darstellen, als es ausführliche Beschreibungen tun können. Viele davon mögen auch hier, im Kreise Disentis, sehr alt sein, doch haben sie von ihrer Jugendfrische nichts eingebüsst, wie folgende kleine Auslese es zeigt:

1. Den Mann nimmt man beim Wort, den Stier bei den Hörnern.
2. Den Mann nimmt man beim Wort, die Frau beim Kleide.
3. Bei den Herren gilt eine Hand voll Gunst mehr, als ein Zuber voll Gründe.
4. Der Teufel hält es mit den Seinigen.
5. Niemand nimmt Hennendreck für Weizen.
6. Eine Ehe ohne Kinder, ein Haus ohne Dach.
7. Nur eine Tanne macht keinen Wald,
   Nur ein Mann macht keine Gemeinde.
8. Sich rächen ist keine Sünde.
9. Man findet immer einen freien Platz für einen guten Freund.
10. Grosse Kapelle, kleine Andacht.
11. Die Berge stehen still, und die Leute begegnen einander.
12. Der Bauer mit den zerrissenen Hosen und der Ochse mit dem gewundenen Horn erhalten alles Volk.
13. Den Mann misst man nicht mit dem Kornscheffel.
14. Vor Mädchen mit einem Kranz und vor schneebedeckten Wiesen muss man sich hüten.
15. Läuse bringen Läuse und Geld bringt Geld.
16. Heute eine Furche, morgen einen Graben.
17. Der Hunger ist eine böse Gevatterin.
18. Tag und Nacht dauern ewig.
19. Man muss die Leute wie Leute behandeln.

20. Wer die Wahl hat, nimmt das Schlechteste.
21. Heiraten muss man, so lange man lebt.
22. Mit den Sennen verliert man die Freunde.
23. Man muss sich vor dem verwundeten Bären, vor der gebrochenen Tanne und dem zu Grunde gerichteten Manne hüten.
24. Grosses Maul, karge Hand.
25. Den Stolz füttert man leicht.
26. Seltene Sache, teure Sache.
27. Seide und Sammt richten dich zu Grunde.
28. Ochsen mit Stroh genährt, Männer mit Hunger.
29. Gelb ist herrisch, rot ist verschwenderisch,
30. Die Wölfe fressen einander nicht, aber die Herren.
31. Die Mädchen der Reichen und der Käse der Armen werden am früihesten reif.
32. Der Hausschlüssel gilt 100 Gulden.
33. Etwas stolz ziemt einem Pferde.
34. Bei einer jungen Ehe geht der Teufel sieben Jahre um das Haus.
35. Wem Gott das Lamm gibt, dem gibt er auch die Krippe.
36. Wer vor dem Tore der Hölle wohnt, nimmt den Teufel zum Gevatter.
37. Um allen Leuten den Mund zu stopfen, ist nicht genug Moos gewachsen.
38. Wenig Verstand, viel Hochmut.
39. Das Wasser und das Volk kann niemand stillhalten.
40. Je grösser der Schinken, desto grösser der Freund.
41. Kuchen ohne Mehl, Männer ohne Herz.
42. Schöne Herdkuh, schlechter Markt.
43. Der Nachbar ist halb verwandt.
44. Wo der Teufel nicht die Hörner hinstecken kann, steckt er den Schwanz hin.
45. Ein Mann von Stroh ist so viel wert, wie eine Frau von Gold.
46. Um Krystalle zu graben, geht man nicht über's Meer.
47. Kleine Hand, kleine Ehre.
48. Wenn die Glocken läuten, hört man die Schellen nicht.
49. Grosses Haus, kleine Erbschaft.

50. Studenten haben viele Verwandte.
51. Gutes Wachs gibt gute Lichter.
52. Auch das grösste Schwein kann man ringeln. (Einen Ring durch die Nase ziehen).
53. Des guten Wetters und der guten Leute wird man nie überdrüssig.
54. Kleine Männer haben häufig einen langen Schwanz (Anhang.)
55. Jedes Haar hat seinen Schatten.
56. Es gibt keine Frauen und Pferde ohne Uebel.
57. Man muss die Berge loben und im Tale bleiben.
58. Ein Mann ohne Bart ist ein Schmalzmus ohne Schmalz.
59. Fremdes Brot hat sieben Rinden.
60. Den alten Heiligen brennt man keine Kerzen.
61. Viel schwarze Kühe machen die Mädchen weiss.
62. Wer das Handwerk ändert, wird kein Hexenmeister.
63. Es gibt mehr Gevattersleute, als Freunde.
64. Rat beim Wein hat nie ein gutes Ende.
65. Wer einen strohernen Hintern hat, fürchtet das Feuer.
66. Eine gute Hausfrau geht nicht weiter, als ihre Henne.
67. Eine bunte Frau ist wenig wert.
68. Wer spät zahnt, sieht alle Verwandten sterben.
69. Die grossen Glocken läuten selten.
70. Die Liebe und die vornehmen Leute wollen keine Gesellschaft.
71. Die Herren pressen dem Bauern das Blut unter den Nägeln hervor und vertrinken es.
72. In der Nähe der Herren muss der Bauer zu Grunde gehen.
73. Wenn man einen Pfahl aufputzt, gibt es einen Kardinal daraus.
74. Geführtes Heu ist halb gefressen.
75. Nichts gewagt, nichts gewonnen.
76. Wer läuft, ist gewöhnlich zu spät.
77. Wer stossen will, muss von einer Herdkuh abstammen.
78. Scheinen und nicht sein, ist wie spinnen und nicht weben.
79. Um zu einer ersten Messe, zur Beerdigung eines unschuldigen Kindes und zur Landsgemeinde zu gehen, sollte man ein paar eiserne Schuhe austreten.
80. Es gibt nichts mehr, als Tage.

Ueber die althergebrachten Rechtsansichten der Bevölkerung geben die Rechtssprichwörter einigen Aufschluss:

1. Man muss das Blut durch die Adern rinnen lassen.
2. Das Vermögen muss zum Stamm zurückkehren.
3. Wer die Ketten eingetrieben hat, bringt das Vieh in den Stall.
4. Wer zuerst in der Tenne ist, drischt zuerst.
5. Recht wird Recht.
6. Ein Grenzstein ruft dem andern.
7. Die magern Wiesen gehen obendrein.
8. Wer den Brei gekocht hat, muss ihn essen.
9. Wer den Teufel gefressen hat, muss auch die Hörner fressen.
10. Wer die Schotte gekauft hat, muss auch das Gefäss kaufen.
11. Wer die Witwe heiratet, heiratet die Schulden.
12. Ein entschlüpftes Wort ist nicht geschrieben.
13. Gemacht bleibt gemacht.
14. Das Vermögen gehört dem, der es geniesst.
15. Man muss den Pfad nicht mit Gras überwachsen lassen.
16. Jeder kratzt sein Geschwür.
17. Wer antwortet, zahlt.
18. Wer befiehlt, zahlt.
19. Wer bricht, zahlt.
20. Jeder mit Seinesgleichen.
21. Kind tut wie Kind.
22. Wer Feuer sucht, verliert die Heimat.
23. Keine Kuh, kein Strohsack.
24. Müssiges Leben ist ein guter Kuchen.
25. Grosses Essen gibt helle Stimme.
26. Hart gegen hart gibt keine gute Mauer.
27. Leben und leben lassen.

Rätsel.

1. Wer hat ein ganz weisses Kleid ohne Naht? Das Ei.
2. Eine Kapelle mit einer ganz weissen Mauer und einem gelben Altar? Weisses Dach und gelber Grund? Das Ei.

3. Ein weisser Berg mit einer Blume in der Mitte? Das Ei.
4. Was ist ganz voll und hat weder Boden noch Deckel. Das Ei.
5. Kleid und Hemd und keine Naht? Das Ei.
6. Ein Fass mit zwei Arten Wein, jede Art getrennt? Das Ei.
7. Was fliegt ohne Flügel.
Schlägt ohne Hände
Und sieht ohne Augen? Die Lawine.
8. Kaum ist der Vater geboren, so geht der Sohn schon zum zum Dach hinaus? Das Feuer.
9. Ein Stall voll weisse Gitzen, die alles kleinschlagen, was man ihnen hineinwirft? Der Mund.
10. Ein roter Stall voll weisser Kätzchen: was ist das? Der Mund.
11. Ein Stall voll weisser Hennen und nur eine rote? Der Mund.
12. Ein Saal voll weisser Sessel. Eine rotgekleidete Frau ist dort und tanzt? Der Mund.
13. Ein schöner roter Garten; es schneit und regnet nie drinnen und doch ist er immer nass. Auch hat er einen weissen Hag? Der Mund.
14. Wer hat einen ehernen Mund, einen eisernen Zahn und einen ledernen Schwanz? Die Glocke.
15. Eine Gebse ohne Boden und ohne Deckel und ist immer voll von frischem Fleisch? Der Ring.
16. In einem Kloster sind vier Nonnen und doch weder Türen noch Fenster? Die Nuss.
17. Vier Lanzen, die weder Himmel noch Erde berühren, über Berg und Tal gehen und Gold und Silber wert sind? Die Zitzen der Kuh.
18. Eine schöne Decke ohne Naht? Der Schnee.
19. Es fliegt ohne Flügel, geht ohne Füsse und liegt ohne Leib? Der Schnee.
20. Was fliegt ohne Flügel, beisst ohne Zähne und wird vor Hunger und Durst nie müde? Die Luft.

21. Ich kleines, kleines Korn kann bald eine Vorratskammer füllen? Das Licht.
22. Wer steht mit dem Kopf abwärts, dem Schwanz aufwärts und hat ein Herz, das sich bewegt? Der Kirchturm.
23. Ein schwarzer Holzblock, ein grüner See und ein weisser Stein? Der Käse im Kessel.
24. Etwas das Blut bringt, Blut gräbt und selbst gar kein Blut hat? Das Schwert.
25. Was wird fett, ohne dass man es zu füttern braucht? Die Schulden.
26. Etwas das immer den Strick um den Hals hat und doch nie erwürgt wird? Der Weihwasserkessel.
27. Eine schwarze Mutter mit drei schwarzen Töchtern? Die Fleischpfanne.
28. Jemand der zum Brunnen geht, um sich zu waschen und die Eingeweide daheim lässt? Das Deckbett.
29. Eine Wiese voll Hügel und voll Leute und keiner grüsst den andern? Der Friedhof.
30. Ein Weg, den noch niemand betreten hat? Die St. Jakobsstrasse am Himmel.
31. Ein König, der rot bekleidet ist und auf einem grünen Sessel sitzt? Die Erdbeere.
32. Etwas, das auf weissen Füssen wächst, grün bekleidet ist und einen grünen Bart hat? Der Knoblauch.
33. Ein Nackter in einem See, der nicht ertrinkt? Die Butter in der Rührmilch.

G. Aberglaube.

Eine der grössten geistigen Mächte, die unser Volksleben Jahrhunderte lang beherrschte und auch heute noch nicht verschwunden ist, ja weit weniger, als man auf den ersten Blick glauben möchte, ist der Aberglaube. Man braucht nur einige Zeit etwas enger mit einer Bevölkerung in Berührung zu kommen, sei es zu Stadt oder zu Land, immer wieder wird man Spuren davon, bald in grösserem, bald in kleinerem Masse finden. Sogar viele Familien, die sich zu den Gebildeten zählen, sind nicht völlig frei davon. Wenn ein Familienglied krank ist, braucht nur ein anderes zufällig einer schwarzen Katze zu begegnen oder von schwarzen Kirschen zu träumen und der Kranke gilt als dem Tode verfallen.

Eine interessante Tatsache ist es, dass die Hauptäusserungen des Aberglaubens seit alten Zeiten und bei den meisten Völkern auffallende Uebereinstimmung zeigen. Es darf deshalb auch nicht wundern, wenn im Folgenden sich oftmals Anklänge finden an solches, das weit entfernt vom Kreise Disentis noch geglaubt wird.

Wie anderswo, so wird auch hier genau acht gegeben auf den Hochzeitstag:

1. Heller Hochzeitstag, kleine Familie.
2. Stürmt es am Hochzeitstage, streiten und schlagen sich die Eheleute.
3. Brennt eine Kerze am Altar hell, die andere nicht, so werden die Eheleute uneins.
4. Ist eine Beerdigung am Hochzeitstage, so leben die Hochzeitsleute nicht lange.

Sehr genau hat man auch auf die Geburt und die Pflege der Kinder in den ersten Tagen zu achten:

5. Wenn eine Frau zwei Achren auf einem Halme findet, bekommt sie Zwillinge.
6. Man darf das Kind nicht in einem Gefässe baden, welches rinnt, sonst mag das Kind später das Wasser nicht halten.
7, Wer Kinder mit schöner Farbe haben will, muss Milch und Wein in das Badewasser giessen.
8. Wenn man die Kinder gebadet hat, muss man das Wasser langsam ausschütten, sonst fallen die Kinder gerne.
9. Wenn man eine leere Wiege schaukelt, wiegt man den Teufel.
10. Um das Kind vor der Bräune zu bewahren, muss man es in ein blaues Tuch einwickeln.
11. Kinder. die als klein Ziegenmilch trinken, dürfen später wie die Ziegen die steilsten Abhänge begehen.

Sehr mannigfaltig sind die Zeichen für bald eintretenden Tod:

12. Wenn die Hunde in der Nacht heulen, gibt es bald eine Leiche.
13. Wer am Morgen zuerst dem Küster begegnet, stirbt bald.
14. Der Jäger, der eine weisse Gemse sieht, muss bald sterben.
15. Wenn jemand stirbt, muss man ein Fenster öffnen.
16. Wenn der Hausvater stirbt, stehen die Kälber bald ab.
17. Sterben Pfarrer und Küster, so folgen bald mehrere nach.
18. Wenn es während des Mittagläutens elf Uhr schlägt, muss bald jemand im Dorfe sterben.
19. Wenn jemand stirbt, geht die Seele durch das Wasser, das im Hause ist.
20. Wenn jemand stirbt, muss man alles Wasser, das im Hause ist, ausgiessen.

Ein bestimmter Zauber hängt auch mit gewissen Tagen zusammen.

21. Hanf und Wolle, die am Fastnachtmontag und -Dienstag gesponnen werden, fressen die Mäuse.
22. An der St. Johannes-Vigilie muss man den Lauch aufbinden, sonst versinkt er.
23. Wer am St. Johannestage Krystalle gräbt, findet einen Schatz.
24. Am St. Laurenziustage öffnet sich die Erde und zeigt ihre Schätze.
25. Wenn man Wurzeln am Mariahimmelfahrtstage gräbt, haben sie viel grössere Kraft.
26. Wenn die Müller am St. Katharinatag die Räder bewegen, so brechen sie.
27. Die Spinnerinnen dürfen am St. Katharinatag das Rad nicht berühren.
28. Tiere, die am Charfreitag gezeichnet worden, gehen nicht verloren.

Hier folgen noch eine Anzahl Verhaltungsmassregeln für bestimmte Fälle, Heilmittel, Anleitungen zum Erkennen des Verborgenen, besonders der Zukunft, und einige Glücks- und Unglückszeichen.

29. Stirbt ein Tier am Milzbrand, so soll man das Herz und die Lunge des toten Tieres in den Kamin hängen; dann werden die andern Tiere nicht krank; aber man muss stark räuchern.
30. Um die Hexe, welche den Milzbrand verursacht hat, zu treffen, müsste man das kranke Tier lebendig verbrennen.
31. Wer im Schlafe redet, soll einen Knochen aus dem Beinhause nehmen und ihn unter das Kissen legen, dann hört er auf zu sprechen.
32. Wer einen andern die Warzen zählen lässt, verliert sie und sie gehen auf den andern über.
33. Die Warzen verschwinden, wenn man sie während des Totengeläutes reibt.
34. Wenn die Ziegen blutige Milch geben, muss man sie in einen Bach giessen; dann wird sie wieder rein.
35. Wer den Kropf vertreiben will, muss ihn mit der Hand eines toten Kindes berühren.
36. Um das Zahnweh zu vertreiben, muss man den Zahn eines Toten zwischen 12 und 1 Uhr aus dem Beinhaus holen.
37. Brot darf man nicht ins Feuer werfen, sonst wird man hungern müssen.
38. Man darf das Brot nicht auf den Boden werfen, sonst weint der Herrgott.
39. Wenn man das Feuer brennen lässt, ohne etwas darüber zu stellen, müssen die armen Seelen stärker brennen.
40. Die Kohle darf man nie mit Wasser löschen.
41. Wirft man Salz ins Feuer, so erweist man den armen Seelen eine Wohltat.
43. Das vom Blitz entzündete Feuer muss man mit Salz löschen.
43. Wenn ein Vater mehrere Kinder hat, Knaben und Mädchen, soll er jedem eine brennende Kerze geben. Brennt sie bei einem Knaben am hellsten, so wird er ein Geistlicher, bei einem Mädchen, so wird es eine Nonne.
44. Hat man jemanden in der Fremde, so soll man eine Kerze anzünden; brennt sie schön, so geht es ihm gut; brennt sie schlecht, schlecht; verlöscht die Kerze, so stirbt er.
45. Man kann den Wind zur Ruhe bringen, indem man Brotkrumen vor das Fenster legt.

46. Legt man den Grund zu einem neuen Hause, so wird auch für ein Familienglied das Grab gegraben.
47. Bevor man ein neues Haus betritt, soll man einen Hund oder eine Katze oder eine Maus oder einen Maulwurf hineinwerfen, wenn man will, dass nichts schaden könne und dass Glück im neuen Hause herrsche.
48. Wenn die Schwarzen zum Kapitel gehen, regnet es.
49. Wenn man ein Messer mit der Schneide aufwärts und dem Rücken abwärts legt, so durchbohrt es das Herz der Muttergottes.
50. Wenn man ein Messer in die Milch hält, so zerschneidet man das Euter der Kuh.
51. Wo die Hexen fahren, gehen später die Lawinen nieder.
52. Die Leuchtkäfer bringen Glück.
53. Man muss das gekochte Fleisch sauber von den Knochen lösen, dann hat man mehr Glück mit dem Vieh.
54. Um verhexte Tiere sicherer zu treffen, muss man Brot in die Flinte stecken.
55. Eine Frau soll sieben mal über eine Erdbeere hinwegspringen und erst dann sich in einem Dorngebüsche festbeissen; ein Mann soll vom Pferde herabsteigen, um eine Erdbeere zu pflücken.
56. Man darf kein Hollunderholz verbrennen, denn die heilige Emerita (Miertha) wurde mit solchem verbrannt.
57. Ein Pferd, das einen Toten getragen hat, geht in der Alp nicht zu Grunde.

H. Volksmedizinisches.

Im vorigen Abschnitt sind schon eine Anzahl volksmedizinischer Heilmittel für Mensch und Vieh angegeben worden; hier mögen noch einige Hausmittelchen für verschiedene Gebrechen folgen, wie sie noch heute in Truns angewendet werden. Es handelt sich dabei vorzüglich um erprobte Heilkräuter, doch fehlen auch andere Dinge nicht, denen eine grosse Heilkraft innewohnen soll.

Augenentzündung: Sogenannte Holderschwämme (Hollunder-Öhrling oder Judasrohr, Auricularia auricula Judae, L.) in lauwarmem Wasser oder ebensolcher Milch aufquellen lassen und dann mit der feinen Seite innen auf's Auge binden.

Geschwüre: Birkenblätter aufbinden und Nussblätter-Thee trinken.

Kopfweh:

1. Thee von Achillea millefolium (hier Katzenschwanz genannt) und Equisetum arvense gemischt.
2. Wachholderthee.
3. Ein in Essig getauchtes Tuch auf die Stirne binden.
4. Stücke von rohen Kartoffeln auf die Stirne binden.
5. Schwarzen Kaffee mit Citronensaft trinken.

Halsweh:

1. Schwalbennester samt dem Inhalt kochen und auf den Hals binden.
2. Gekochte Holderblüten auf den Hals binden, auch Hanfsamen.
3. Olivenöl mit darin gelöstem Zucker trinken.
4. Blutegel ansetzen.
5. Salbeiblätter und sog. Bappelenkraut (Malva silvestris?) mit Bienenhonig zusammen gekocht und mit dem Thee gurgeln.
6. Kalt-Wasser-Umschläge.
7. Pudelhaare umbinden.

Husten:

1. Thee von der sogen. Theeblume (Verbascum thapsiforme, Schrad, Königskerze), oder von Lindenblüten, oder Kamillen, oder sog. Katzenzungen (Plantago lanceolata L.). oder von roten Kirschen samt den Stielen, oder von der sog. Margarethenblume (Cetraria islandica L., Isländische Tartschenflechte).
2. Man soll die Brust mit Murmeltierfett einreiben.

Bauchweh:

1. Enzianenbranntwein trinken.
2. Getrocknete Lorbeeren schälen, fein zerschneiden und in einem Löffel Branntwein oder Wasser trinken.

3. Calmenwurzel und Blätter (Rhizoma calami) fein zerschnitten in Branntwein legen. Dieser soll dann getrunken werden.
4. Getrocknete Heidelbeeren essen.

Zahnweh:

1. Wenn das Zahnweh von Erkältung herkommt, koche man Zucker und Pfeffer zusammen und bringe es auf den Zahn.
2. Man bringe Absinth auf den Zahn.
3. Es sollen drei lebendige Weinbergschnecken mit der Schale zerquetscht und auf die Wange gebunden werden.
4. Salz und Pfeffer in ein kleines Stückchen Zeug gebunden und auf den Zahn gelegt.
5. Kaltes Wasser in den Mund nehmen.

Augenleiden, siehe auch Augenentzündung:

1. Muttermilch in die Augen spritzen.
2. Gekochtes Eiweiss auflegen.
3. Mit Kamillenthee auswaschen.

Nasenbluten:

1. Kaltes Wasser in den Nacken giessen.
2. Die Nasenlöcher mit Baumwolle (Watte) verstopfen.

Schnittwunden:

1. Branntwein, in dem etwa zwei Tage Arnicablumen gelegen, auf die Wunde bringen.
2. Zündschwamm auflegen.
3. Heilzwiebel quetschen und auflegen.
4. Chelidonium majus, Schöllkraut, zerquetschen und auflegen, damit kein wildes Fleisch entstehe.

Warzen:

1. In demselben Wasser, in dem man beim Backen den Ofenlappen ausgewaschen hat, soll man die Hände waschen.
2. Die Warzen mit einem Wollfaden abbinden.

Bleichsucht:

1. Jeden Morgen drei gedörrte Birnen essen.
2. Nesselwurzthee.
3. Weisse Kreide, Wasser, Wein, Eisenfeilspäne und Rosmarin mischen, 24 Stunden stehen lassen und jeden Morgen ein Gläschen davon trinken.
4. Thee von sog. Isiens (Artemisia absinthicum).

Würmer im Magen: Geschälten Knoblauch um den Hals binden.

Gelbsucht: Drei lebendige Läuse in einem Löffel Branntwein trinken.

Ohrenweh:

1. Watte mit Olivenöl in die Ohren stopfen.
2. Kampher riechen.
3. Pudelhaare auflegen.

Schnupfen:

1. Kampher riechen.
2. Alten Veltlinerwein trinken.
3. Kamillendampf.

Schwindel:

1. Die Handflächen in frischem Wasser reiben.
2. Die Nasenspitze und Ohren fest mit den Fingernägeln pressen, bis fast Blut fliesst.

Seitenstechen: Schnelles Rumpfbeugen. (Den ersten besten Gegenstand, der auf dem Boden liegt, schnell umkehren.)

Brandwunden: Gekochte Hagebutten aufbinden.

Gelenkverstauungen: Hanfsamen aufbinden.

Gliederreissen, Gsüchte:

1. Gekochte Wachholderbeeren aufbinden.
2. Einreiben mit Murmeltierfett oder auch mit Kirschwasser.

Quetschungen: Asplenium ruta murarium (Mauerraute), Erlenzapfen und Steinmoos zusammen kochen und warm auf die betreffende Stelle binden.

Litteraturverzeichnis.

Baer, K. E. von. Ueber den Schädelbau der rätischen Romanen. Bulletin de l'académie impériale des scienses de St. Petersbourg. Bd. I, 1860, S. 37—60.

Blind, E. Die Schädelformen der elsässischen Bevölkerung in alter und neuer Zeit. Beiträge zur Anthropologie Elsass-Lothringens, herausgegeben von G. Schwalbe, Heft I, Strassburg 1898.

Blind, E. Die Schädelformen im Schorbacher Beinhause. Beiträge zur Anthropologie Elsass-Lothringens, herausgegeben von G. Schwalbe, Heft III. Strassburg, 1902.

Buck, M. R. Rätische Ortsnamen, in Alemannia. Bonn 1884, S. 209—296.

Carigiet, P. Basil. Rätoromanisches Wörterbuch. Surselvischdeutsch. Bonn und Chur 1882.

Carnot, P. Maurus. Im Lande der Rätoromanen. Kulturhist.-litterarische Studie. Basel 1898.

Carisch, Otto. Taschenwörterbuch der rätoromanischen Sprache in Graubünden. Chur 1848.

Decurtins, Caspar. Rätoromanische Chrestomathie, II. Band, Erlangen 1901.

Deniker, J. Les races de l'Europe. Bulletin de la Société d'Anthropologie de Paris. IVe Série, VIII, 1897, S. 291.

Gatschet, A. Ortsetymologische Forschungen als Beiträge zu einer Toponomastik der Schweiz. Bern 1867.

Götzinger, W. Die romanischen Ortsnamen des Kantons St. Gallen. St. Gallen 1891.

His und Rütimeyer. Crania helvetica. Basel und Genf 1864.

His. Ueber die Bevölkerung des rätischen Gebirges. Vortrag in der schweiz. naturhist. Gesellschaft. 1864.

Hölder, H. von. Zusammenstellung der in Württemberg vorkommenden Schädelformen. Im Württemb. Naturw. Jahresh. Jahrgang XXXII. 1876.

Huonder, Jos. Der Vokalismus der Mundart von Disentis. Erlangen 1900.

Kraitschek, G. Der alpine Typus. Centralblatt für Anthropologie, Ethnologie und Urgeschichte. VI. Jahrgang. 6. Heft. 1901. S. 321—330.

Kübler, August. Die suffixhaltigen romanischen Flurnamen Graubündens. Erlangen und Leipzig. 1894 und 1898.

Landolt, E. Land-, Alpen- und Forstwirtschaft im Hochgebirge. Jahrb. des Schweiz. Alpenclub 1867.

Lorenz, P. Die Ergebnisse der sanitarischen Untersuchungen der Rekruten des Kantons Graubünden (Schweiz) in den Jahren 1875 bis 1879. Bern 1895.

Miaskowski, Aug. v. Die Verfassung der Land-, Alpen- und Forstwirtschaft der deutschen Schweiz in ihrer geschichtlichen Entwicklung vom XIII. Jahrh. bis zur Gegenwart. Basel 1878.

Muoth, J. C. Ueber bündnerische Geschlechtsnamen. Programm der Kantonsschule. Chur 1892 und 1893.

Pitard, E. Recherches d'anatomie comparative sur diverses séries de crânes anciens de la vallée du Rhône (Valais). Neuchâtel 1899.

Platter, Jul. Kritische Beiträge zur Erkenntnis unserer socialen Zustände und Theorien. Basel 1894.

Ranke, Joh. Beiträge zur physischen Anthropologie der Bayern. I. Bd. München.

Röder und Tscharner. Der Kanton Graubünden. (Gemälde der Schweiz). St. Gallen und Bern 1838.

Sartorius Freiherr von Waltershausen. Die Germanisirung der Rätoromanen in der Schweiz. Forschungen zur deutschen Landes- und Volkskunde. Bd. XII.

Schenk, A. Etude préliminaire sur la craniologie vaudoise. Bulletin de la Société Vaudoise des Sciences naturelles. Vol. XXXV. Nr. 131. Lausanne 1899.

Schneller, Chrn. Beiträge zur Ortsnamenkunde Tirols. 3 Hfte. Innsbruck 1893—96.

Scholl A. Ueber rätische und einige andere alpine Schädelformen. Naumburg 1891.

Spescha, P. Placidus a. Beschreibung des Tavätschertales. Manuscript auf der Kantons-Bibliothek Chur.

Studer, Th. und Bannwarth, E. Crania helvetica antiqua. Leipzig 1894.

Schürch, Otto. Neue Beiträge zur Anthropologie der Schweiz, Bern 1900.

Tappeiner, Fr. Beiträge zur Anthropologie Tirols. Zeitschrift für Ethnologie. Bd. 12. Jahrg. 1880, S. 269—288.

Tappeiner, Fr. Der europäische Mensch und die Tiroler. Meran 1896.

Tappeiner, Fr. Messungen von 384 hyperbrachycephalen und von 150 brachycephalen und mesocephalen Tiroler Beingruft-Schädeln, zur Vergleichung mit den in München, Berlin, Göttingen und Wien gemessenen Museums-Schädeln. Zeitschrift für Ethnologie. Band XXX. Jahrg. 1898. S. 189—275.

Tappeiner, Fr. Die Capacität der Tiroler Schädel. Zeitschrift für Ethnologie. Bd. XXXI. Jahrg. 1899, S. 201—235.

Erklärung zu den Tafeln.

(Die genauere Erläuterung siehe S. 49 bis 50.)

Tafel I. **Disentis-Typus.**

Tafel II. **Horizontalkurven.**

Frankfurter Orientirungsebene oder Basalkurve = ————; Augenmittenhorizontale = — · — · — · —; Glabellarhorizontale = — — — — — —; Scheitelkurve · · · · · · · · · ·. c—c = Sagittale des Schädels; b—b darauf senkrecht durch den obern Ohrrandpunkt; d—d Mitte zwischen den in sagittaler Richtung am weitesten von einander entfernten Punkten der Horizontalkurven.

Tafel III. **Sagittalkurven.**

Mediansagittale = ———; Augenmittensagittale = — · — · —; Augenrandsagittale = — — — — — —. a—a Lage der Frankfurter Horizontalen; b—b Lage der Querebene des Schädels senkrecht auf der Frankfurter Horizontalen und durch den obern Ohrrand gehend; d—d Mitte der am weitest von einander entfernten Punkte der Mediansagittalen.

Tafel IV. **Frontalkurven.**

Ohrfrontale = ————; vordere Frontalebene = — · — · —; hintere Frontalebene = — — — — —. a—a Lage der Frankfurter Horizontalen; c—c mediane Sagittalebene des Schädels.

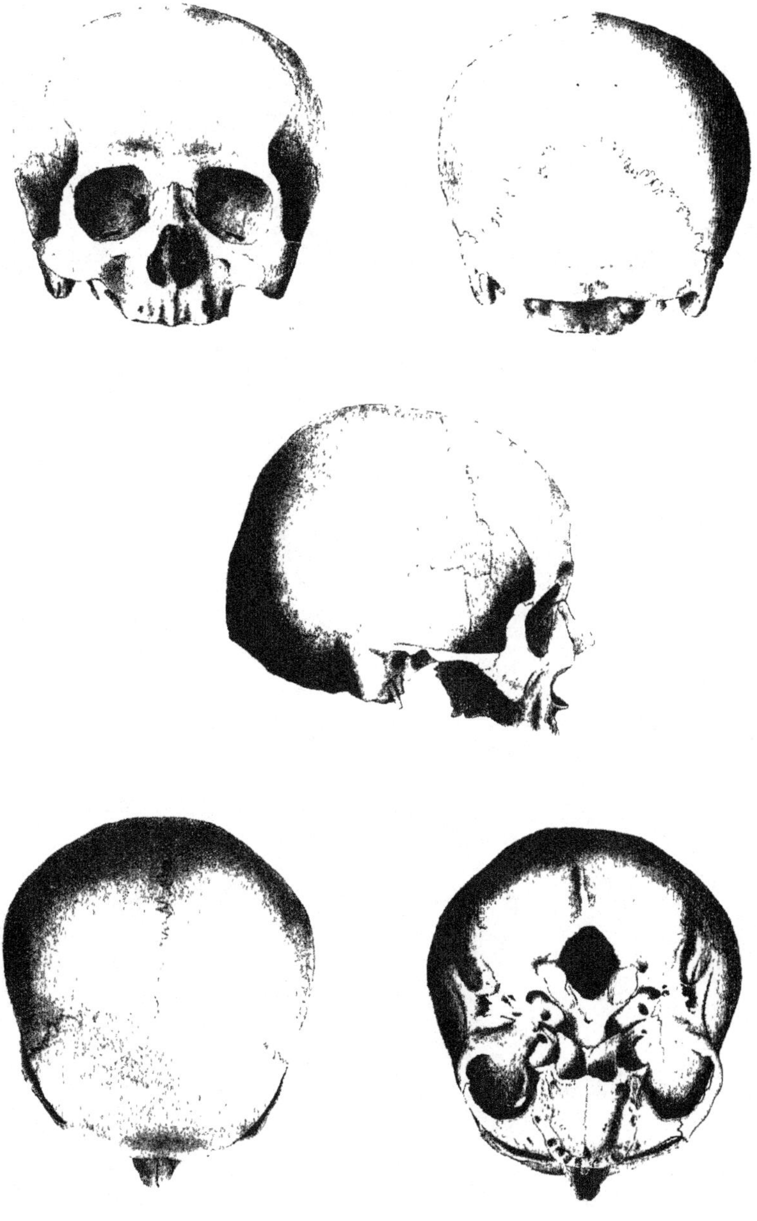

Tafel II.

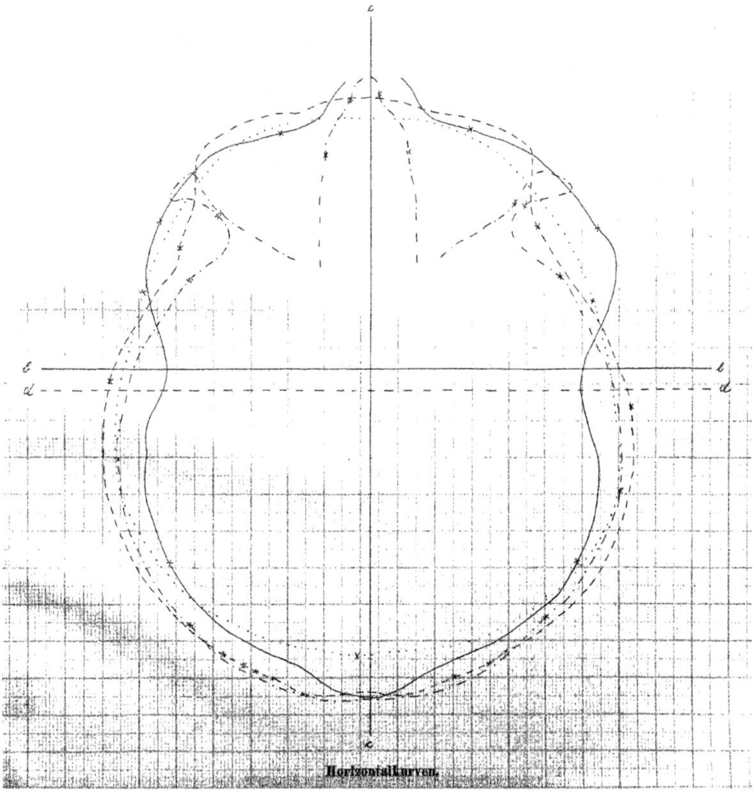

Horizontalkurven.

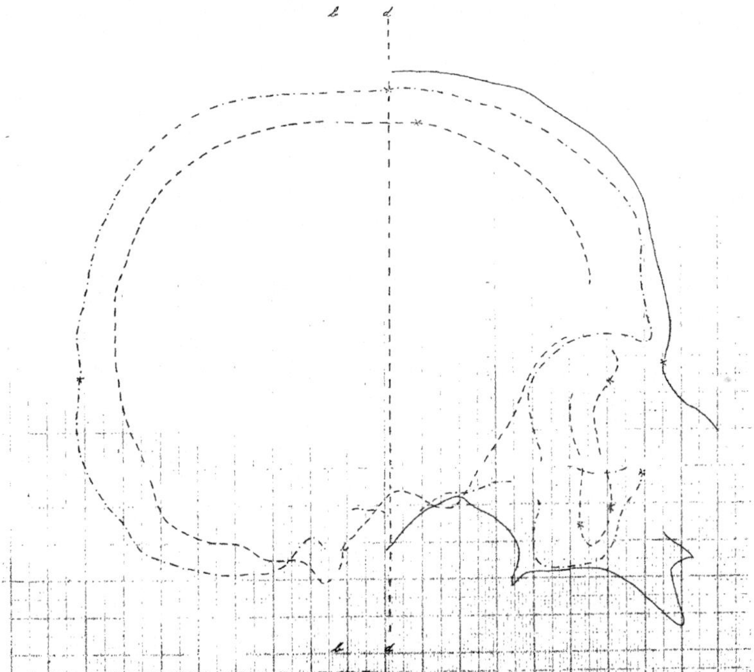

Sagittalkurven.

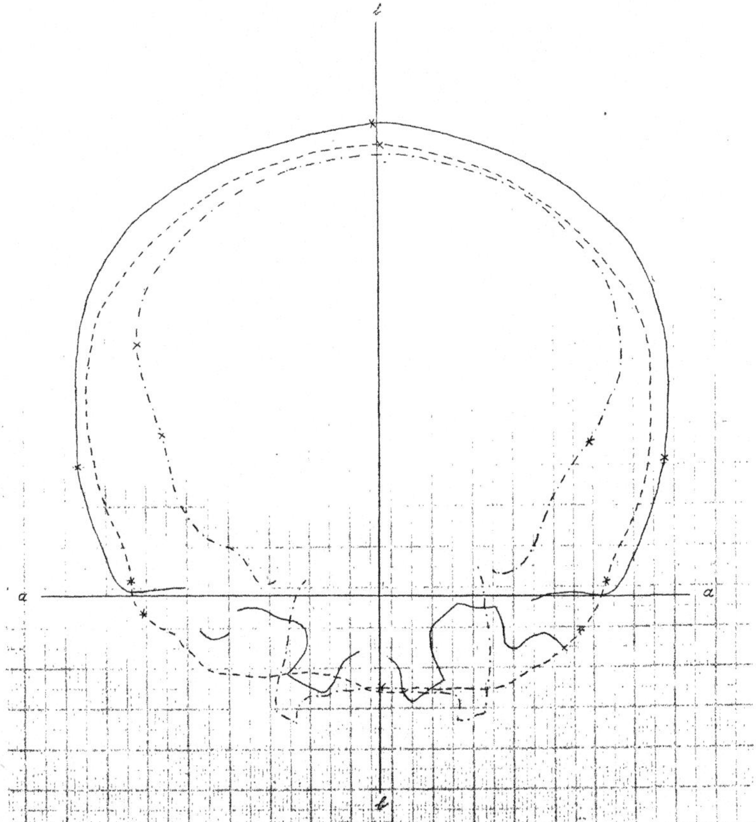

Frontalkurven.

Printed in Dunstable, United Kingdom

91220749R00107